U0080641

# 獻給餐飲店的飲料客製技法

搭配顧客群與季節的軟性飲料調製技術與理論

飲料研究團體「香飲家」

片倉康博・田中美奈子・藤岡響　著

# SOFTDRINK

瑞昇文化

# 現在是軟性飲料
# 抓住顧客心的時代

只要了解軟性飲料的本質，就會了解它其實扮演著掌握顧客需求的重要角色。
希望透過本書，探討軟性飲料的可能性，並為了做出美味飲料
而反覆試驗的店家得以增加。

## 無酒精與酒精的需求

近年來工作方式與店家的營業型態大幅改變，店家提供的商品與顧客的需求間差異逐漸加深。

以酒精為例，全世界餐飲界中「遠離酒精」的現象不斷增加，因此營業額下滑的夜間營業餐飲店增多。調查結果也顯示所有成年人中，能喝酒與不能喝酒的人的比例各達一半，可以說無酒精飲品的需求正在提高。不過配合現今餐點供應和推出的酒精飲料發展蓬勃，但以無酒精飲料搭配餐點的菜單則處於極少的狀態。因此為了讓不能喝酒與不喝酒的人也能盡情享受，充實軟性飲料品項就可以期待能吸引新的客人。因此，必須以提高符合現今時代的銷售額為目標。

許多常喝酒的人被稱為團塊世代，在這之中一定也有滿懷「對大人的嚮往」長大的人。

這個世代誕生於忍耐吃下討厭的食物是理所當然的事，因為小時候就體驗了不喜歡的味道，習慣之後味覺與感受也逐漸成長。另一方面，現代的年輕人對大人的嚮往很薄弱，大多身處討厭的東西不吃也沒關係的環境下。不喜歡的味道也很少擺在餐桌上，所以刺激味覺成長的機會變得很匱乏。

由於現在喝酒世代的人口還比較多，所以可能社會上對於遠離酒精的危機感不強。但在不久後的將來，隨著喝酒的人逐漸減少，有可能轉變成難以販賣酒精的時代。

## 飲品給人的印象

在日本，軟性飲料被認為「可以簡單做出來」。那是因為相較於調酒類飲品，給人「只要倒入玻璃杯或咖啡杯中」、「用食物攪拌機攪拌而已」、「只要按咖啡機的按鈕就好」的印象。

這種想法是極大的錯誤，軟性飲料也和料理一樣，是使用「食材」做成，所以攝取方式只差在「吃」或「喝」而已。

就如同使用相同的食材、相同的食譜製作料理，專業廚師和業餘人士也一定做不出相同的味道一樣，軟性飲料也會因製作者不同而改變味道。這是因為專業製作程序中一定有理論基礎，還需要運用理論的技術。

就和不是誰都能輕鬆製作美味料理的道理一樣，飲品本來就不是簡單的東西。

## 日本的飲品界

在世界各地進行飲品教學工作的時候，我們感受到在很多國家對飲品的理解方式與料理相似，並且品質很高。

日本對於「飲品可以簡單做出來」的印象很深，大多會把連不熟悉飲品的打工人員也能製作的內容做成規範。因此，為了盡可能做成「飲品味道有一致性的食譜」，簡化成容易製作的方法，結果做成了低品質的飲品。可以簡化使用的素材也有限，種類沒有增加並和「美味」差距逐漸擴大。甚至從海外回到日本的人都會說「在日本喝不到美味的咖啡和

軟性飲料」。

此外，日本的業界經常分得很細，咖啡派的人只學習有關咖啡的知識，茶派的人只學習有關茶的知識，經常會有像這樣只學特定知識的情況。雖然這是因為日本人的民族性中，有擅長把一件事做到極致的職人性格，但這是一個不太適合用寬廣視野孕育想法的方式。

結合自己內在擁有的知識和經驗後，新的想法會由此誕生。除了徹底鑽研自己「喜好」的同時，了解並結合其他的領域，就會得到全新的發想。思考如何將這些進行組合、取得平衡之後，就能誕生出全新的飲品。我期待在日本也可以增加重視這樣的發想，並開發對顧客來說有吸引力的菜單的店家。

## 軟性飲料的未來

這個世界上有「喝了覺得很美味」的想法是理所當然的事，所以再加上擁有「可以攝取到對身體好的養分」這種附加價值的飲料店會很受歡迎。

在日本還認為比起喝下享用，有「拍照上傳到社群媒體」這種觀賞享樂的要素更加地重要。導致不少店家只追求外觀好看，把味道置之度外。但是如果味道不好就不能期待回頭客的出現。只有外觀好看、方便拍照的飲品熱潮總有一天會迎來終點。為了可以生存到那時候，店家製作「美味飲品」、抓住顧客的心就變得重要。

為此，請先把飲品想成和料理或甜點一樣的東西。例如從甜點的食材組合方式中得到啟發，摸索把材料做成液體或容易吞嚥的最佳方法，就可以昇華成

為美味的飲品。

在我們的前一本著作《獻給餐飲店的飲料特調課程》，主要提出了「當作輔助性存在的飲品」的思考方法。

而本書更往前進一步，除了開發製作飲品的想法、運用食材做成飲品的方式以外，也會介紹從這些理論中誕生的食譜。

# Part 1

## 原創飲品的
## 作法與理論
### How to Make Soft Drinks & Theory

# Part 2

## 咖啡&牛奶的
## 軟性飲料
### Coffee& Milk Soft Drink

# Part 3

茶與香草的
軟性飲料
Tea&Herb Soft Drink

# Part 4

各種不同食材的
軟性飲料
Various Ingredients Soft Drink

# Drink Textbook Contents

# Part 5

## 水果素材的
## 軟性飲料
Fruit Material Soft Drink

# Part 6

## 可以當成代餐的
## 軟性飲料
Substitute Food Soft Drink

# Drink Q & A

以下統整了製作飲品時想瞭解的資訊，例如常見的失敗情況、思考原創飲料的重點等。
好好記住相關知識，在製作美味飲品時會很有幫助。

**Q** 砂糖和水果的甜味還沒辦法統一成想像中的味道。

**A** **了解「甜味」的種類。**

雖然簡稱為「糖類」，但就連砂糖也有各種不同的種類。掌握甜度的性質、成品的色調後，再靈活搭配運用，就可以接近想像中的味道。因此了解想呈現的甜味，與被當成基底的飲料的契合度很重要。

▶ 詳情請參見p.014「挑選糖類增加甜味差異」

**Q** 想讓味道進一步增加深度,除了沖泡方式和材料的選擇以外，還有其他應該注重的重點嗎？

**A** **口感和外觀也會改變滋味。**

喝下飲料時，容器接觸到舌頭的感受也會影響味道。玻璃杯的厚度會深深影響口感，所以請了解因玻璃杯造成味覺效果的差異。另外，外觀也是與味道有關的要素之一。

▶ 詳情請參見p.018「利用玻璃杯・杯緣增加味覺與視覺的效果」

**Q** 看到想要把日本茶、中國茶和台灣茶泡得好喝的方式時會提到，低溫沖第一泡、用高溫沖第二泡，為什麼？

**A** **為了充分萃取出鮮味成分。**

低溫可以萃取出茶中的鮮味成分「胺基酸」，所以用低溫沖第一泡就會跑出足夠的胺基酸。而第二泡開始為了要萃取出多數澀味來源「兒茶素」，因此使用溫度高的熱水。

▶詳情請參見p.046「運用不同溫度範圍萃取變化」

**Q** 按照順序製作冰茶後，不知道為什麼變得混濁。

**A** **因為發生了「冷後渾(cream down)」，所以變混濁了。**

這是紅茶多酚與咖啡因冷卻之後結合，變白、變濁的現象。只要調整茶葉與萃取溫度，就可以預防。

▶ 詳情請參見p.047「冷後渾」

**Q** 近年來，接到對牛奶過敏或有乳糖不耐症的客人點餐機會增加。我們店改用豆漿，但其中有些品項的味道會變差……。除了豆漿以外還有其他能取代的產品嗎？

**A** **增加奶類的選項，並注意適合飲品的選擇吧。**

用豆漿取代牛奶是標準的做法，但有時候某些基底的飲料，要使用其他的植物奶比較好。從植物性的原料製作而成的植物奶有各種不同的種類，請配合食譜選擇相配的產品吧。

▲ 詳情請參見p.030「奶的種類與植物奶的做法」

# Q & A Drink

水果是進貨材料，但原價有時會變貴或是容易很多耗損，令人煩惱。
有沒有靈活運用的秘訣？

## 請掌握水果的成熟過程，依狀態運用。

理解從材料進貨到成熟、廢棄為止的變化過程，配合各個時機運用才是最重要的。請思考適合店鋪的使用方法吧。例如使用了新鮮水果的嚴選菜單，以高價販售就容易引人購買，也能和其他店做出區別。了解水果的成熟情況，就也可以在耗損前依狀態進行加工。

▶ 詳情請參見p.084「不同店家選擇水果的方式」

想製作客人要求的原創飲品。
請告訴我必須掌握的重點。

## 首先先決定概念。

「想全年販售」或「想使用當季食材的季節性商品」、「想做成外觀有視覺效果的商品」等，請想想要在您的店裡做成哪種定位的商品。接著再乘以自身的經驗（想法），就能逐漸看到完成品。另外，要是和餐點、甜點一起供應的話，重視味覺平衡並逐步設定味道與香氣比較好。

▶ 詳情請參見p.010「飲品菜單的發想・組成方式」、
  p.020「不同季節的飲品想像圖」、p.074「各種不同食
  材與軟性飲料的可能性」

我想更進一步研究利用
牛奶增加味道的深度，
但即使查了乳脂肪率與種類
並嘗試改變也無法做成可以接受的味道。

## 請試試看為牛奶增加甜度或香氣。

不只限於牛奶的種類，試試在牛奶本身加入變化，就能擴大調整的幅度。例如提高牛奶的糖度提取甜味，就能不減損牛奶原本的風味，還提高飲品整體的甜度水準。配合想製作的飲品，試著調整看看吧。

▶ 詳情請參見p.026「活用特製奶與特製水」

我想做原創混合茶。
有沒有混合的訣竅呢？

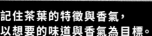

## 記住茶葉的特徵與香氣，
## 以想要的味道與香氣為目標。

請掌握基底茶葉的大致香氣後，再運用在混合茶中。明確訂定想要怎樣的滋味後，再決定與基底的茶葉組合的茶葉。另外，使用食品用精油增加香氣也是一種方法。

▶詳情請參見p.048「用混合茶做成原創茶」

我一直想要製作果汁，
只用果汁機也可以嗎？

## 與其用果汁機不如使用慢磨機。

果汁機是適合製作果昔、冷凍飲品的機器。想要不浪費營養價值榨汁，我推薦使用慢磨機。學習用具的特徵、優點與缺點，選擇適合想製作的飲品的工具。

▶ 詳情請參見p.100「用慢磨機製作營養成分高的飲品」、
  p.102「用果汁機製作果昔」

How to Make Soft Drinks & Theory

# 原創飲品的
# 做法與理論

記住咖啡與紅茶等飲品的基礎知識後，
試著看加入自己風格的變化展現個性吧。
除了基礎的飲料以外，
學習從五感感受到的印象與材料的特徵。

# Part 1

# 1 飲品菜單的 發想・組成方式

製作原創飲品的時候，必須從想像圖開始逐步讓它成形。
接著很重要的是，要做成讓喝的人也覺得「好喝」的飲品。
記住概念的組合方式、製作菜單的思考方式。

---

## 加強印象的方法

製作飲品的時候，擁有明確的想法很重要。隨意組合材料，也不會變成味道好的飲料。把想像了什麼樣的概念、什麼樣的味道，固定之後，再加入飲品中製作，就可以做出美味的成品。請檢查右邊的確認項目，決定概念後就會逐漸看到飲品成形。

## 考慮客群的需求

必須掌握客人想要的東西。例如，現在許多麵包店販售的「鹽麵包」，是源自於港口城市的麵包店，發現買完麵包的漁夫會站在店門前把鹽灑在麵包上吃。注意到對於因工作大量揮灑汗水的漁夫來說，普通麵包的鹽味不夠，因此開發了揉入鹽的鹽麵包。結果帶有鹽味的麵包正好適合疲累身體而成為了熱門商品。像這樣，不只是自己覺得美味，購買者也覺得美味是很重要的事。現在也販賣很多有加鹽的飲品。

### Check

[決定想像圖必要的8個要素]

1. 決定概念

2. 情境 (店家的地點)

3. 想販售的對象 (客群)

4. 屬於菜單組成的哪個部分
   (招牌商品、推薦商品、吸睛商品)

5. 選定材料
   (經典、季節性商品、限量菜單等選項)

6. 液體量、容器的尺寸、液體的濃度
   (大容器的話濃度偏淡，量少容器的話濃度偏濃)

7. 味覺
   (做成目標客群會想要的平衡)

8. 香氣
   (有香氣的話即使味道很淡也能增加滿足感。)

9. 外觀或口感的特色
   (配色是單色或漸層、配料等裝飾。
   有口感的話能變成特色)

除了飲品客群的工作、喝的時機點以外，也可以參考年齡層。降低苦味、酸味、甜味，而且外觀適合拍照的飲品容易賣給年輕世代，隨年齡層提高，降低甜度並活用素材，做成簡單的飲料也比較受歡迎。即使相同的商品，依據店舖位置在學生街或商業街，單純只調整甜度就能讓銷售額變好。

## 菜單組成與比例

試著以「招牌商品」、「推薦商品」、「吸睛商品」這3種商品組成商品的內容，就能確立菜單的概念。

「招牌商品」指經典商品。並且指一整年都會販售，屬於店家的商品主軸。「推薦商品」則是現在想推廣或暢銷商品。只要善用當季食材的季節商品或營業利益率較高的商品等，就可以獲得矚目。

「吸睛商品」則是光看到商品就會讓人變得想購買，即為外觀有吸引力的商品。具有話題性、令人耳目一新，即使沒有直接連結到利益，也有增加來店人數的效果。吸睛商品的存在會讓人試著與其他商品比較，可以達到互相襯托魅力的效果。由此也容易反應在銷售額上。試著選擇符合店家的形象、提高新鮮度的商品吧。

在菜單上平衡這三者組成的話，就可以變得比較容易販售，穩定銷售額。理想的比例是8（招牌商品）：2（推薦商品+吸睛商品）。

必須注意如果有太多想販售的商品，外觀有吸引力的商品就會變得比較沒特色。

**招牌商品**
經典商品。全年穩定販售的商品。

**吸睛商品**
外觀有吸引力或有話題性的商品。

**推薦商品**
暢銷、當季或是季節限定商品。

理想的比例 **8 ： 2**

| 招牌商品 | 吸睛商品 推薦商品 |

## 各式各樣的經驗 形成想像圖

為了製作新商品，各式各樣的經驗很重要。那是因為所謂的「想法」，是由過去的經驗彼此碰撞後誕生的。

關於味道與香氣也是一樣。例如吃過檸檬後，就會了解檸檬的香氣與酸味，可以由此思考商品的開發。但是如果沒有試過或認識檸檬，就不能運用其香氣或味道來發想。不斷地重複累積各種事物的經驗，加在一起之後才能創造想像。

除了飲品本身，了解更多關於能一起搭配食用的料理或甜點知識，也可以逐漸增加不同的思考方式。

*About Drink*

## 2

# 思考與料理
# 或甜點搭配

就算各別追求食物和飲料的美味，有時配在一起吃的味道就是差了一點。
那是因為沒有做到掌握每個味道與香氣的特徵，
用以填補彼此的滋味互相襯托，並組合的飲食搭配。
請學習搭配的加乘作用。

---

**不能只用一盤完成**

**NG**

濃厚料理 ✚ 不輸給料理的濃厚飲品 ＝ 過膩的滋味

---

在飲食搭配領域，最重要的是掌握用一個盤子做好料理、甜點和飲料的想法。雖然在日本還沒有融入以食物和飲料的搭配為主的想法，但我們非常了解在世界上的頂尖餐廳，經常著重於此。

當料理是主角時，飲料不過只是襯托主角的輔助性角色。美味料理加上相襯的飲料，2種滋味會在口腔中融合為一，得到令人感覺更加美味的加乘作用。用這種方式完成的味道會很和諧，亦能帶來感動。因此不要只是完成單一料理的調味，將搭配的飲料也作為料理的一部份來思考就變得很重要。

為了綜觀性地將要品嚐的食物當作同一盤來看，主

廚與甜點師必須了解飲品，而製作飲品的人也必須了解料理和甜點。熟悉互相搭配的餐點，就能提高整體的完成度。先相互理解食物和飲料，這是產生合適飲食搭配的想法的起點。

日本的料理和甜點大多是各別完成調味後再出餐。因此現在的情況是，雖然各自的完成度很高，但想要與飲料和諧的搭配就變得很困難。需要增加考慮味道平衡的提案，以提高日本的「美味」水準。

---

**提出香氣後再增加香氣**

**OK**

主菜 ━ 香氣重點

✚

突出香氣重點
的飲品

---

**加入香氣**

**OK**

主菜的香氣

✚

主菜中沒有的香氣
的飲品

---

**增強香氣**

**OK**

主菜的微弱香氣

✚

與主菜相同且香氣微弱
的飲品

## 日本使用的飲食搭配

日本經常會各別完成味道，但其中也有從沒有「飲食搭配」這個詞的時代，就已經開始實踐的做法。那就是壽司店餐後飲用做為結尾的——熱煎茶。原本煎茶會依溫度範圍不同而改變萃取精華，好喝的溫度是70~80°C。用低溫的話能萃取出甜味成分，高溫的話則是能萃取出兒茶素和咖啡因，所以一般認為70~80°C是剛剛好的滋味。但是壽司店端出的煎茶，是用高溫沖泡成的茶。咖啡因能夠舒緩

放鬆因外食而感到緊張的效果。從用高溫沖泡的煎茶中，萃取的兒茶素屬於一種多酚，有抗菌作用與抗氧化作用。吃壽司時食用生魚，因此飲用以高溫萃取的煎茶，可以說是很合理的組合。甚至藉由餐後喝熱煎茶，可以溶解並沖掉口中殘留魚的油脂成分，變成清爽的狀態。

以壽司店的飲食搭配為例

高溫萃取的煎茶

兒茶素
抗氧化作用·抗菌作用
→ 吃完生魚料理後的安心感

咖啡因
舒緩緊張
→ 餐後的放鬆效果

## 從飲食文化開始思考組合

為了思考食物和飲料的組合，了解有關飲食文化的知識也很重要。清爽料理多的國家，其飲品會偏向濃厚。反之油膩料理為主的國家，清爽的飲料則會成為主流。自然而然地，從飲食文化中誕生的飲食搭配，成為思考組合時的參考，越加深理論了解越能成為發想的來源。

例如肉類料理配上紅葡萄酒是經典組合，理論上來說肉的脂肪會讓紅葡萄酒的澀味成分——單寧酸，變得清爽，進一步增添肉類的香氣，因此融入餐桌中。那成為了身體自然接受並覺得美味的感受。以此為基礎學習，得到身體與實際感受就能擴大飲食搭配發想的邊界。

# 挑選糖類
# 增加甜味差異

雖然統稱爲「甜味」，但其實有各式各樣的種類。
有從砂糖取得的甜味，也有水果等素材本身的甜味，各具有不同魅力。
爲了找到符合飲品與想像圖的甜味，請掌握每種糖的特徵。

## 區分不同的糖類

在飲品中選擇適當的糖類加入甜味是很重要的事。使用砂糖的目的不只是增加甜度，光是改變砂糖的種類，飲品的味道及外觀都會發生戲劇性的改變。

以加深味道的醇香和增添香氣爲代表例，可以加入各種不同特點。請找出正好適合飲品的砂糖種類。

### 想加入甜味

- 細砂糖
- 上白糖
- 甜菜糖

### 想加入醇香

- 三溫糖　　・黑糖
- 蔗糖　　　・種扇糖 ※※
- 和三盆糖
- 黑糖蜜糖
- 紅糖（Cassonade）※
- 楓糖
- 椰糖

### 想加入香氣

- 黑糖
- 種扇糖
- 黑糖蜜糖
- 紅糖
- 楓糖
- 椰糖

### 想加入苦味

- 黑糖蜜糖

※ 譯註：紅糖（Cassonade）是一種 100% 由甘蔗製作的未精製法國蔗糖。
※※ 譯註：種扇糖是日本種子島製造的一種蔗糖。

### 一點建議

細砂糖與上白糖皆無臭，且白色結晶溶解後會變得無色，所以最適合不想在飲品加入顏色的時候。特別是想增強甜味時，建議使用上白糖。而糖液會很濕潤，比蔗糖的甜味更強，也感覺比細砂糖更甜。
水果類飲品的話，很適合種扇糖水果般的香氣，但其咖啡色的結晶容易讓飲品的顏色變深，需要特別注意。考慮最終飲品的成品想像圖後，再選擇適合的糖吧。

### 想讓顏色看起來漂亮

- 細砂糖
- 上白糖

## 糖類的種類

### 細砂糖

將甘蔗與甜菜等榨汁精製過後完成。形成細小顆粒狀的結晶。

### 上白糖

在結晶化時與濃厚的轉化糖漿調和，因表面附著了糖液，所以比細砂糖感覺更濕潤更甜。

### 三溫糖

由挑出上白糖與細砂糖後剩下的糖蜜製作而成。特徵是滋味濃郁。

### 甜菜糖

用寒冷地區生產的「甜菜」製作而成。含有許多蔗糖（寡糖）。

### 黑糖

屬於一種含蜜糖，將紅甘蔗榨汁煮沸並濃縮而成的產品。有粉末狀和固體狀，呈黑褐色有強烈濃香味。

### 蔗糖

熬煮紅甘蔗的汁液製作而成。比黑糖的咖啡色更淺、更容易使用。含有許多鈉與鉀等礦物質。

### 種扇糖

擠壓紅甘蔗的汁液，並和日本種子島產的原料糖一起精製。有像哈密瓜一樣的清新香氣。

### 和三盆糖

使用紅蔗糖「竹糖」品種。不完整去除糖蜜，帶有自然原本的溫和醇厚的風味。

### 黑糖蜜糖

混合了廢糖蜜（黑糖蜜）所以非常濕潤。帶有獨特的苦味與有特色的甜味。

### 紅糖

以100%紅蔗糖製成，呈咖啡色結晶狀。如蜂蜜和香草般的香氣，甜度滋味濃厚。

### 楓糖粒

將糖楓等樹液濃縮且精製過的楓糖漿，去除水分並做成結晶的產品。

### 椰糖

將椰子樹花芽的莖所在的樹汁熬煮凝縮而成。甜度溫和、容易使用。

# 用配料
# 增加口感與味道的特色

在飲料中加上配料，就有增加口感的效果。
除了吞嚥的差異外，也可以為飲品的口感增加變化。

## 口感的種類

食物中有各種不同的食材可以追加口感的樂趣，相對地飲料只有「順口」、「濃稠」、「充滿氣泡」這種程度的感受。
單純只靠飲料增加口感是很困難的事。日本最近也會使用配料增加口感，也開始看得到「邊喝邊吃」這種新型飲品。

不只外觀變得華麗、酥脆的口感和Q彈的嚼勁，和香氣加在一起就能擴展飲品的範圍。

### Q彈的

黑醋栗、蔓越莓、蘋果、水果乾（柑橘切片等）、芒果乾、柚子皮、冷凍乾燥莓果類、棉花糖、珍珠、湯圓、求肥※　等

※ 譯註：求肥是一種和菓子，類似較軟的麻糬。

### 脆的

花粉、可可碎粒、杏仁、開心果、壓碎的堅果、焦糖化的果仁糖　等

### 華麗感：香氣

玫瑰花瓣、新鮮的香草類　等

### 味覺：特色

韓國辣椒、巧克力、香料粉　等

## 配料範例之一

**Q彈的**

**①卡本內蘇維翁葡萄乾**
用於紅葡萄酒的品種。色調深,酸味與澀味很均衡。

**④芒果乾**
肉厚且Q彈的口感。濃縮了芒果原本的甜味。

**⑥蔓越莓乾**
高抗氧化作用很高。烘乾時常用砂糖增加甜味。

**⑦柳橙乾**
甜味非常明顯,酸味較低。可以品嘗到柳橙的味道與風味。

**⑪蘋果乾**
將蘋果烘乾、凸顯自然的甜味與酸味。

**華麗感:香氣**

**②乾燥柚子皮**
在柑橘類中特別清爽且爽口的酸味,方便使用於點綴香氣。

**⑤玫瑰花瓣**
烘乾玫瑰的花瓣並收集起來的香草。香甜以及香氣相當高雅。

**脆的**

**③草莓乾**
將草莓烘乾的產品。可以吃到酥脆的口感以及適當的酸味。

**⑧開心果**
特徵是濃郁香氣中又帶有溫和感。咬起來不會太硬的堅果。

**⑩花粉**
將蜜蜂收集的花粉烘乾的產品。含有人體必需胺基酸等的自然食品。

**⑫杏仁**
其特徵是口感與濃郁的香氣。是個含有很多不飽和脂肪酸、低醣的優秀食材。

**⑬可可碎粒**
切碎並去皮的可可豆。像堅果一樣的口感,以及像巧克力般的苦味和酸味。

**味覺:特色**

**⑨巧克力**
原料是可可豆的點心。依種類不同分為甜味、苦味或濃醇等各種滋味。

**⑭韓國辣椒**
辣味很少、甜味與鮮味很強。風味也很豐富,容易加入料理當中。

Part 1 原創飲品的做法與理論

# 利用玻璃杯・杯緣
# 增加味覺與視覺的效果

「品味」是指用舌頭感覺味道、用口腔內部和喉嚨
感受口感之外的訊息，從中仔細感受的過程。
以飲品的味道和搭配的餐具，調整視覺效果與容量的平衡。

## 味覺效果

喝飲料時會因玻璃杯的形狀和厚度等碰到舌頭的部分，以及碰到的方式改變滋味。例如想要給人清爽的感覺，只要選擇舌頭可以敏銳地碰到液體的雞尾酒玻璃杯，就可以得到直接的感受。想要讓人喝到甜味時，選擇圓潤的陶瓷杯就會讓口感變柔和，帶給人濃稠、溫和的印象。

## 視覺效果

對於打造飲用之前印象的飲品外觀非常重要。用薄且高的玻璃杯，或者圓潤有厚度的玻璃杯，視覺資訊都會影響印象。從外觀感受到的感覺就叫做視覺效果。只要玻璃杯的厚度很薄，就算放入很多的量看起來也有清爽感，量少但杯緣很厚的杯子則會讓人聯想到濃厚的滋味。

## 量的均衡

將濃厚飲品倒入大容量的玻璃杯中，很多時候會覺得膩、沒辦法享用到最後而。相反地，把滋味清爽的飲品倒入容量較少的玻璃杯中，會讓人感到不滿足。必須掌握玻璃杯的特性與飲料的特徵，調整成剛好的平衡。

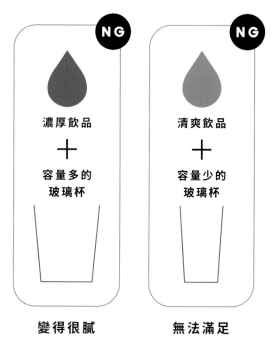

NG

NG

濃厚飲品
＋
容量多的
玻璃杯

清爽飲品
＋
容量少的
玻璃杯

變得很膩

無法滿足

## 玻璃的厚度與口感的感受差異

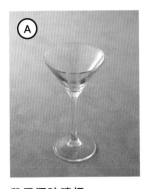

**雞尾酒玻璃杯**

液體直接碰到舌頭，給人一種尖銳的印象。

**葡萄酒玻璃杯**

薄的杯口容易感受到飲品的形狀。

味覺

尖銳 Ⓐ Ⓓ Ⓑ Ⓔ Ⓒ 溫和

視覺

濃厚 Ⓐ Ⓒ Ⓑ Ⓔ Ⓓ 清爽

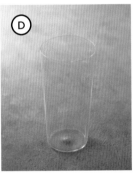

**陶瓷杯**

柔和的曲線、有厚度的杯緣給人溫和的感受。

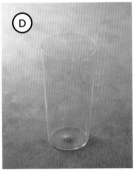

**薄且高的玻璃杯**

容量很多，但因杯緣很薄可以敏銳地品嘗飲料。

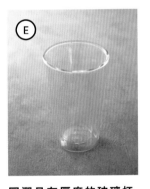

**圓潤且有厚度的玻璃杯**

高度很低，有份量的厚度可以喝到厚重的味道。

## 吸管的角色

把東西吸入口中時，會對大腦下「吸」的指令。就像邊想著鍛鍊邊訓練就會容易長肌肉，「吸」會比用玻璃杯喝的味道感覺更濃、更容易吸收營養成分。營養飲品上面附上細吸管的原因就是為了讓營養成分變得更好吸收。

# 不同季節的飲品想像圖

# Spring 春 3～5月

脫離寒冷的冬天後變得暖和,增加綠色植物和淺色的花朵,這是個瀰漫新鮮香氣的季節。把帶有鮮嫩、柔和香氣的材料加在一起做成主要飲品吧。

例如茶等有明顯苦味的材料,會特別讓人感覺很好喝。或是與夏柑、伊予柑等柑橘類組合,活用清爽的香氣,可以完美襯托苦味。

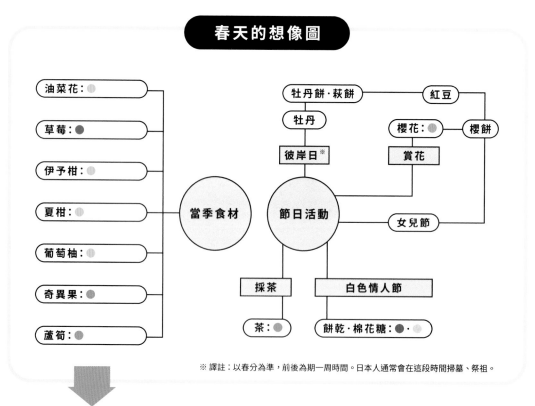

**春天的想像圖**

油菜花:◐
草莓:●
伊予柑:◐
夏柑:◐
葡萄柚:◐
奇異果:●
蘆筍:●
當季食材

牡丹餅·萩餅 ─ 紅豆
牡丹
彼岸日※
櫻花:◐ ─ 櫻餅
賞花
節日活動 ─ 女兒節
採茶
白色情人節
茶:● 餅乾·棉花糖:●·◔

※ 譯註:以春分為準,前後為期一周時間。日本人通常會在這段時間掃墓、祭祖。

| | 飲品想像圖 |
|---|---|
| 顏色 | 淺色、綠色系:● |
| 香味 | 清新的香氣 |
| 味覺 | 苦味、澀味 |

**舉例來說…**

抹茶白芝麻椰子奶昔 ……………………P51
冰抹茶卡布奇諾 ……………………P53
季節綠茶(櫻) ……………………P53
綠茶薄荷氣泡飲 ……………………P54
等

在思考原創飲品時，在一開始先好好強化想像圖
就會得到良好的菜單提案。
以下分別以四季的思考方式為例，介紹如何發想並創造想法。

# Summer 夏 6～8月

夏天太陽光很強，植物為了隔絕紫外線所以酸味變重，是個色彩、香氣變得豐富的時期。比起炎熱味道重的飲料，人們變得更想追求清爽的餐點，或為了冷卻身體，選擇充滿香料，令人流汗的料理。人們會喜歡水分含量多的蔬菜和有酸味的食材，所以和水分含量少的濃厚飲品一起喝會覺得更美味。

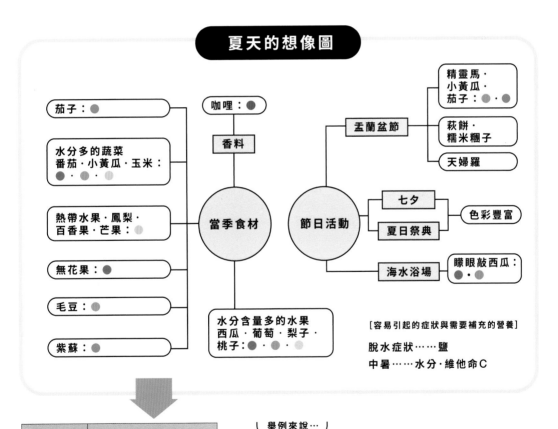

**夏天的想像圖**

茄子：●

水分多的蔬菜
番茄・小黃瓜・玉米：
●・●・○

熱帶水果・鳳梨・
百香果・芒果：○

無花果：●

毛豆：●

紫蘇：○

咖哩：●

香料

當季食材

熱帶水果・鳳梨・

水分含量多的水果
西瓜・葡萄・梨子・
桃子：●・●・○

節日活動

孟蘭盆節

精靈馬・
小黃瓜・
茄子：●・●

萩餅・
糯米糰子

天婦羅

七夕

夏日祭典

色彩豐富

海水浴場

矇眼敲西瓜：
●・●

[容易引起的症狀與需要補充的營養]

脫水症狀……鹽

中暑……水分・維他命C

| 飲品想像圖 | |
| --- | --- |
| 顏色 | 鮮豔的顏色：● |
| 香味 | 花香、酸酸甜甜、辛辣 |
| 味覺 | 鮮嫩、酸味、鹹味 |

舉例來說…

碧螺春通寧水 …………………………P56
百香果茉香茶 …………………………P62
香柑彈珠汽水 …………………………P92
泰國檸檬＆檸檬香茅＆泰式茶 ………P95
日向夏柑版檸檬水 ……………………P97
等

# Autumn 秋 9〜11月

水果變得更甜，土壤裡的蔬菜和樹木果實也迎來盛產，集合了一年當中甜味強烈的食材。是個在單一飲品中運用甜味的甜點類飲品的最佳時機。加入像焦糖化一般的濃香後，就能統合整體的味道。若是與很甜的餐點一起喝的飲品，就要用苦味或酸味來取得平衡。

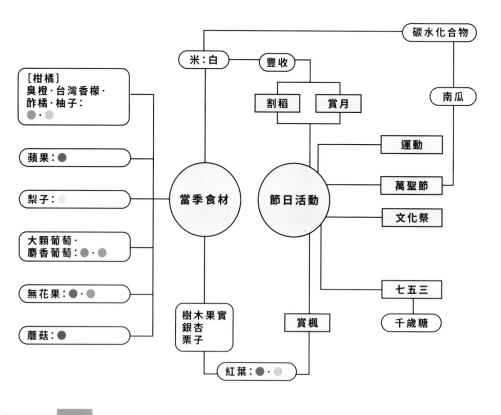

## 秋天的想像圖

- 碳水化合物
- 米：白 ─ 豐收
- 割稻　賞月
- 南瓜
- [柑橘] 臭橙·台灣香檬·酢橘·柚子：
- 蘋果：
- 梨子：
- 大顆葡萄·麝香葡萄：
- 無花果：
- 蘑菇：
- 當季食材
- 節日活動
- 運動
- 萬聖節
- 文化祭
- 七五三
- 千歲糖
- 樹木果實 銀杏 栗子
- 賞楓
- 紅葉：

| | 飲品想像圖 |
|---|---|
| 顏色 | 黃色、暖色： |
| 香味 | 像蜜一樣的甘甜香氣 |
| 味覺 | 甜味 |

舉例來說…

晴王麝香葡萄與卡本內蘇維翁葡萄烏龍茶……………………P58
栗子甘露煮蒙布朗&烘焙茶 ……………………………………P81
柿子&卡本內蘇維翁葡萄果汁 …………………………………P86
晴王麝香葡萄接骨木花茶 ………………………………………P89
卡本內蘇維翁葡萄柳橙汁 ………………………………………P90
等

# Winter 冬 12～2月

開始出現能溫暖身體的根莖類蔬菜，料理的鹽分變多、變濃。牛奶的脂肪含量也比夏天更高，所以調味重的料理成為主流，適合搭配較清爽的飲品。根莖類蔬菜擁有溫和的土壤香氣，所以和清爽溫和的香氣是絕配。另外，加入盛產的草莓與有酸味的柑橘類香氣，會變得更加美味。

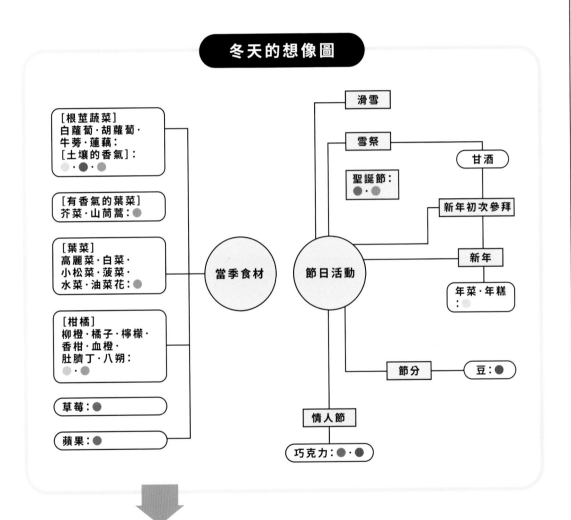

**冬天的想像圖**

|  | 飲品想像圖 |
|---|---|
| 顏色 | 白色： |
| 香味 | 泥土的香氣、草莓與柑橘的酸甜香氣 |
| 味覺 | 酸味 |

舉例來說…

南非國寶薑茶 ……………………………… P67
牡蠣香草拿鐵 ……………………………… P80
紅豆豆漿拿鐵 ……………………………… P82
綠胡椒熱巧克力 …………………………… P82
森加森加拉草莓香草奶昔 ………………… P88
等

# 從想像圖
# 開始製作飲品

Drinks Come from Your Imagination

## 製作關聯圖

製作飲品時先與P.10介紹過的檢查項目要素，一起思考關聯圖，就能更容易想出想像圖。從節日活動、季節、當季食材開始組合，或者以材料、顏色、滋味、香氣、液體量、特色等配合季節和客群，就會很容易完成想像圖。

就像是不同季節氣溫與盛產食材會改變，感到美味的味道也會有所變化。例如享用單一飲品時，在炎熱的夏天喜歡清爽並有清涼感的飲料，在寒冷的冬天濃郁且溫熱的飲料很受歡迎。理解符合時機點的需求後，提出恰當的菜單。P.20~23統整了每個季節聯想到的東西和需求等例子。請試著當作參考，打造有自己風格的關聯圖後再確定想像圖。

## 餐點的兼容性

在思考飲品搭配時，必須理解食物和飲料各自的特性來「搭配餐點」、「搭配甜點」，並考慮適合程度。例如，在清爽的餐點中配上同樣清爽的飲品，味覺不會形成對比，容易讓人覺得不滿足。相反地，在味濃厚的餐點中搭配不相上下濃厚的飲料，或在加了很多香料的餐點搭配加了很多香料的飲品，味道會變得過於濃郁，喝到一半就會膩了。

人會因香料的發汗作用而有流汗、讓身體降溫的效果。因此在印度等炎熱國家，喜歡吃咖哩這類加了很多香料的料理。但是，如果吃完咖哩後只剩辣味一直殘留在嘴中，就會變得不想吃下一口、無法繼續吃。所以配合這一點，餐後大多會喝的飲品是可以減緩辣度的優格飲「拉西」。乳清有減緩刺激的效果，也可以讓香料和優格各自吃起來的滋味更加地美味。

「美味」這種感覺，不只存在於味覺，身體也能自然感覺到。濃厚且美味的飲品，如果供應無法一次就能喝完的份量，就不會讓人覺得「想要再喝」。因此也需要注意並思考份量和外觀的組合均衡。

另外，依味覺成熟度不同感受味道的方式也不同，給喜歡甜味的世代加入了牛奶的甜飲品、為不喜歡甜的世代提供黑咖啡等，配合年齡層來選擇味道也很重要。

從客人的年齡層、飲食生活推測他想要喝的飲品，邊想像邊開發符合味覺平衡的菜單吧。

Coffee & Milk Soft Drink

# 咖啡 & 牛奶的
# 軟 性 飲 料

介紹經典的咖啡與牛奶飲品。
運用牛奶加工、水之外的萃取方法，
能夠引發出全新的滋味。

Drink Textbook

# Part 2

# 活用特製奶 與特製水

必須對萃取咖啡和紅茶的水、與飲品一起攪拌的牛奶有所講究。
雖然品質也很重要，不過記住只要變化水和牛奶本身的手法，
就能夠大幅擴展飲品的範圍。

## 特製奶

有種方法是將牛奶冷凍一次後再解凍，做成產生甜味的特製奶。近幾年的咖啡師大賽中也經常看到這種做法。

利用完全結凍的牛奶，先融解水分以外的蛋白質、脂肪、糖分等成分的特性，取出牛奶中的水分，做成高濃度的牛奶。參考標準為融解60%左右的液體量後，去掉冰塊。

結凍還原後，去除了水分的牛奶甜度變得非常高。用在使用高強度的義式濃縮咖啡、苦味多的抹茶等牛奶飲料中，可以取得良好平衡，做成令人印象深刻的成品。

[將牛奶冷凍]

○…水
□…蛋白質
△…脂肪成分
×…糖分

融解

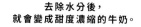

去除水分後，
就會變成甜度濃縮的牛奶。

冰塊

融化的部分

## 牛奶的冷凍蒸餾法

[冷凍融解法]

① 將牛奶放入冷凍庫，使其完全結凍。

② 從袋中取出結凍的牛奶放在篩網上。把篩網靠在容器上，等待牛奶自然融解。當液體量融解了整體的60%左右後，丟掉篩網中剩下的冰塊。

※在進行融解的時候，為了防止異物混入，請用保鮮膜覆蓋整體。

## 特製水

### 水的種類

一般而言日本的水屬於軟水，而歐洲等國大部分屬於硬水。水質會因為土地和季節不同而變動，自來水有時也含有氯或水管鏽等物質。測量水質的指標為pH值和硬度，硬度是指鎂和鈣的含量。依WHO（世界衛生組織）的基準，硬度在120mg/1以下稱為「軟水」，120mg/1以上則稱為「硬水」。一般來說精油較容易融入礦物質含量少的軟水中，而礦物質含量多的硬水則有精油不易融入的特徵，因此沖泡咖啡和紅茶時用軟水最適合。

另外，鎂和鈣在總硬度中也被稱為永久硬度，屬於煮沸也無法去除的成分。近幾年的研究證實，當鎂的比例較高時會影響風味與酸度，而鈣則會對咖啡醇香產生良好影響。因此，咖啡師大會中，以純水為基準，使用添加鎂或鈣的加強特製水，並萃取咖啡的咖啡師變多了。

### 製作時的重點

鎂或鈣溶解後的水會呈酸性，所以必須調整pH值。pH值用來表示水中氫離子濃度指數。也就是說顯示水呈酸性或鹼性。pH值分為1~14，pH1是酸性、pH7是中性、pH14是鹼性。
製作特製水的時候，加入緩衝溶液（小蘇打）調整鹼值，整合酸度（酸味）平衡。
另外，硬度的計算方式是分別乘以鈣（Ca）和鎂

（Mg）等礦物質的係數後得到合計值（參照下列算式）。
精密製作特製水時，需要進行複雜的運算和步驟，只要先從在喜歡的軟水和市售的蒸餾水中加入含鎂及鈣較多的硬水，這種簡單的特製法開始嘗試，也可以從中充分體驗滋味變化。

$$\frac{硬度(CaCO3)mg}{1} = \left(\frac{鈣(Ca)mg}{1 \times 2.5}\right) + \left(\frac{鎂(Mg)mg}{1 \times 4.1}\right)$$

# 從不同素材中
# 萃取成分

用來萃取紅茶或咖啡精華的液體，不只有水和牛奶。
如果是能夠溶入精華的飲料，可以直接進行萃取當作飲品享用。
試試看只要改變萃取物，滋味將會大幅改變。

## 萃取咖啡

例如原本用水進行萃取的咖啡，也有用水以外的萃取的方法。

水在萃取精華時很重要，但是如果水中含有雜質，就會變得比較不容易萃取。因此，飲料也要選擇具有可以萃取精華的水分來取代水。滿足以上條件的就是牛奶和果汁。

用水萃取咖啡後，再用牛奶稀釋就可以做成咖啡歐蕾、拿鐵等飲品。把萃取的水換成牛奶時，直接將咖啡豆浸泡在牛奶中吸取香氣，牛奶會比起直接用水萃取再用稀釋的質感更明顯。可以直接製作成白咖啡歐蕾。

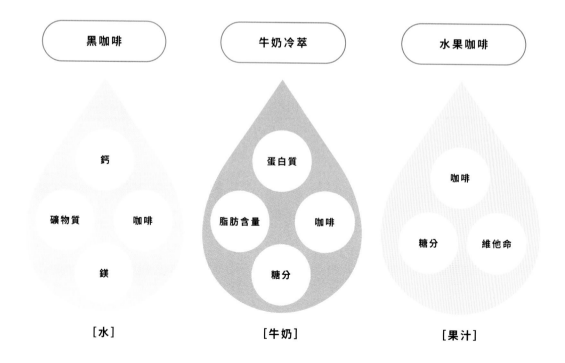

| 黑咖啡 | 牛奶冷萃 | 水果咖啡 |

鈣
礦物質　咖啡
鎂
[水]

蛋白質
脂肪含量　咖啡
糖分
[牛奶]

咖啡
糖分　維他命
[果汁]

## 果汁與咖啡

組合果汁與咖啡時,配合咖啡的風味資訊和特徵,再搭配同類型的果汁,就會有統一感。

萃取時留意果汁的濃度、酸味、甜味,調節果汁本身的比例、咖啡的顆粒大小與浸泡時間等,盡可能地追求平衡。另外,用水以外的素材進行萃取時,建議使用烘焙香味較淡、風味有明顯特徵、酸度和甜味剛好、沒有雜味的咖啡。

### [果汁與咖啡豆的組合範例]

| 咖啡豆 | 帶有核果香氣<br>(水蜜桃或荔枝)的<br>水洗衣索比亞 | 咖啡豆 | 有柑橘類印象的肯亞 | 咖啡豆 | 有水果番茄感的肯亞 |

+ 　　　　　+ 　　　　　+

| 果汁 | 桃子花蜜、<br>荔枝果汁mix | 果汁 | 柳橙、<br>葡萄柚mix | 果汁 | 柳橙汁、<br>番茄汁mix |

### [用浸泡法萃取]

① 將磨好的咖啡粉放入過濾袋中。

② 放入果汁中浸泡,萃取精華。

## 茶與咖啡

也有一種方法是用過濾好的咖啡萃取烘焙茶。比起用莖的部位,含有許多強烈鮮味的茶葉,建議使用帶有十足烘焙香氣的烘焙茶,味道會比較容易和咖啡搭配。

首先,用金屬濾杯進行濾滴,連香濃的咖啡油脂也會散發味道。這時候必須正確地進行咖啡萃取。依加在一起的素材特性不同,調整咖啡本身的濃度。

萃取完成後馬上加入烘焙茶浸泡。經過4分鐘左右,再使用濾杯過濾。依個人喜好加砂糖、用牛奶稀釋,就會變成有烘焙茶香的咖啡歐蕾。雞尾酒經常使用浸漬液(infuse)的技法,軟性飲料也可以使用。用喜歡的素材和萃取法,一步步找出相配的組合吧。

# 奶的種類與植物奶的做法

製作飲料的奶類不只有牛奶而已。
區別種類豐富的奶類，不只可以增加口味的選項，
也可以輕鬆應對有乳糖不耐症或對牛奶過敏的客人。

## 植物奶

所謂的植物奶是指用植物性原料製作的牛奶替代品。讓因乳糖不耐症、牛奶過敏而不能喝牛奶的人，或是不攝取乳製品的純素者也能安心飲用。此外，生產牛奶的畜牧業與其相關產業溫室氣體的排放量很高，就環保方面來說也使植物奶備受注目。根據Plant Based Foods Association（植物性食物協會）的調查數據顯示，美國飲用乳市場整體當中植物奶的佔比逐漸地增加。可以說牛奶以外的奶類選擇，開始融入人們生活當中。

植物奶原料種類很多，例如有黃豆、米、麥類、杏仁或椰子等堅果類的植物奶，能擴展飲料食譜的可能性。

## 製作堅果奶

**材料**
堅果（喜歡的種類） ⋯⋯⋯⋯⋯ 200g
鹽 ⋯⋯⋯⋯⋯⋯⋯⋯⋯⋯⋯ 少許
水 ⋯⋯⋯⋯⋯⋯⋯⋯⋯⋯⋯ 800g
椰棗糖漿
（喜歡的甜味調料） ⋯⋯⋯⋯ 20g

※堅果與水的比例是1：3~1：5，配合飲品調整濃度。

將堅果放入調理盆中，讓整體泡在水中（份量之外）。放入鹽並置於常溫下12個小時。

種籽類則浸泡6個小時左右。夏天也可以放在冰箱中保存。泡水後會變成滑順的質感，同時也可以減輕丹寧酸等澀味成分，也扮演著阻礙吸收營養的物質，如酶抑制物質或植酸等的角色。

用篩網撈起，和水及椰棗糖漿一起放入食物調理機中攪拌。打成滑順的質感後放入堅果奶袋中，用雙手扭轉並過濾。

※放入密封容器中保存。賞味期限3~5天左右。

## 奶的種類

### 豆漿

豆漿（豆奶）的黏性、蛋白質和脂肪成分的比例與牛奶很接近，經常被當做牛奶替代品使用。鈣與鉀含量豐富、口感清淡以及滋味溫和，用於大部分的牛奶基底飲料中，也感受不太到差異。有含許多成分的無調整豆漿、也有很多散發強烈獨特豆香的產品。特徵是做果昔時與蔬菜和水果組合後很好調整。

也與煎茶或抹茶等，綠色素材的飲料非常搭。墨爾本的BONSOY也有適合用於咖啡的調整豆漿，多數咖啡廳從以前開始就會使用，可以說是最有名的植物奶。

豆漿

### 杏仁奶

將杏仁浸泡在水中好幾個小時，打碎後加水再過濾製成。含有豐富維他命與礦物質，比牛奶和豆漿的熱量更低，因此很吸引人。甚至鈣質豐富，很好入口。杏仁本身有濃郁香氣和甜味，與咖啡或烘焙茶等有烘焙香氣的茶飲很搭。雖然對杏仁過敏的人不能喝，但最近幾年開始容易取得。Almond Breeze有販售適合用於咖啡的調整產品，因此許多咖啡廳會使用。

杏仁奶

### 燕麥奶

用有機燕麥製作的植物奶。含有豐富膳食纖維、低醣，燕麥有濃醇芳香風味，以及穀物清爽的甜味。例如英國的Minor Figures公司開發很多咖啡師專用的燕麥奶，可以做出像牛奶打過蒸氣後細緻綿密的泡沫。此外，因為燕麥奶很適合搭配咖啡，所以也開始在咖啡廳中受到歡迎，近幾年來變得常常看到用來代替豆漿和杏仁奶。甚至不只有咖啡，燕麥奶與烘焙茶等有烘焙香味的食材也非常搭配。由於其生產工程比起牛奶或其他替代奶需要的水量更少，所以對於環境的影響也很小，在永續經營方面也受到關注。

燕麥奶

Point

直接開火煮出味道，就能萃取出很多咖啡的成分。

**材料 (1杯飲品量)**

牛奶 ·························150g
咖啡粉（粗磨）···········15g
柳橙（果汁）·············30g
煉乳 ·······················10g
鮮奶油（打8分發）·······30g
柳橙皮 ·····················少許

*Hot*

1. 將牛奶倒入鍋中。
2. 加熱到80°C後離開火源，放入粗磨咖啡粉靜置3分鐘。
3. 倒入柳橙汁，再次開火。用咖啡濾網邊過濾邊倒入咖啡杯中。
4. 加入煉乳並攪拌均勻，放上鮮奶油。削上柳橙皮屑做裝飾。

# 土耳其咖啡歐蕾

用烹煮法泡出滋味豐富的咖啡歐蕾。
添加了柳橙和煉乳，請享用異國風味的情調。

BACE

咖啡

*Hot*

BACE

咖啡

Hot

# 處女桶愛爾蘭
# 威士忌咖啡

用無酒精方式製作的愛爾蘭威士忌。
在鮮奶油中也添加香料和咖啡，
從第一口開始就令人印象深刻。

**材料**（1杯飲品量）

| | |
|---|---|
| 無酒精威士忌（NEMA） | 30g |
| 蔗糖 | 20g |
| 義式濃縮咖啡 | 30g |
| 鮮奶油 | 20g |
| 肉桂粉 | 0.3g |
| 肉荳蔻粉 | 0.3g |
| 咖啡（粉） | 1g |
| 熱水 | 130g |
| 威士忌浸泡葡萄乾 | 3g |

### Hot

1. 加熱威士忌。無法開火時可以隔熱水加熱。
2. 將蔗糖倒入玻璃杯中，注入加熱好的威士忌並攪拌均勻。
3. 將義式濃縮咖啡倒入 **2** 的玻璃杯中，並倒入熱水做成偏濃的美式咖啡。
4. 在鮮奶油中加入肉桂粉、肉荳蔻粉、咖啡粉，用奶泡棒打成6分發。
5. 用湯匙放上奶蓋，讓其慢慢漂浮在 **3** 的玻璃杯上。
6. 放葡萄乾，灑上咖啡粉（份量外）。

Point

打發牛奶時最適合用Nanofoamer免蒸汽拉花奶泡棒。

1

將鮮奶油、香料粉與咖啡粉倒入銅杯中，打成6分發。

2

Part 2　咖啡&牛奶的軟性飲料

# 義式濃縮咖啡
# 芒果奶昔

成熟芒果的甜度與濃厚的義式濃縮咖啡，
可以展現出巧克力般的口感。
雖然是熱帶口味，但是是款全年都可以喝的甜點茶。

BACE

咖啡

Cold

**材料**（1杯飲品量）

| | |
|---|---|
| 義式濃縮咖啡 | 30g |
| 冷凍芒果 | 40g |
| 牛奶（成分無調整） | 100g |
| 香草冰淇淋 | 30g |
| 冰塊 | 2個 |
| 芒果 | 3g |

## Cold

1. 萃取義式濃縮咖啡。
2. 在果汁機中加入冷凍芒果、牛奶、香草
   冰淇淋、冰塊、一半份量的義式濃縮咖啡
   （15g）後，攪拌均勻。
3. 倒入玻璃杯中，裝到有點滿的程度。
4. 從上方倒入剩下的義式濃縮咖啡，放上
   切成塊狀的芒果。

# 分層牛奶咖啡

使用特製奶，做成了一杯濃厚的飲料。
因爲用了冷凍濃縮過的牛奶，
所以減少糖漿用量也能形成漂亮的分層。

BACE

咖啡

Cold

**材料（咖啡凍）**
牛奶（冷凍濃縮）⋯⋯⋯80g
糖漿⋯⋯⋯⋯⋯⋯⋯⋯10g
冰咖啡⋯⋯⋯⋯⋯⋯⋯60g

**Cold**
1. 將牛奶倒入玻璃杯中，加入糖漿提高濃度。
2. 用湯匙慢慢地將偏濃的萃取冰咖啡倒入使其漂浮。

Point

使用湯匙，慢慢倒入使其分層。

BACE

咖啡

Cold

**材料（1杯飲品量）**

牛奶冷萃咖啡 ······················· 200g
檸檬（果汁）···························· 20g
椰棗糖漿 ······························ 5g

## Cold

1. 將檸檬汁分次添倒入
   牛奶冷萃咖啡中。
2. 等待一下，開始分離就使用
   攪拌匙等工具，緩慢攪拌。
   要注意若太快拌勻就不會順利分離。
3. 使用咖啡濾紙過濾並淨化分離後 **2** 的
   溶液。
4. 加入椰棗糖漿中和檸檬酸，調整味道
   平衡。咖啡作為基底時，建議使用香
   醇的蔗糖或椰棗糖漿。

# 檸檬牛奶
# 冷萃咖啡

觀賞呈現透明感的咖啡歐蕾。
加入檸檬酸使咖啡牛奶變得清澈後，
做成帶有咖啡香氣和牛奶味的神奇飲料。

Point

1

將裝了咖啡粉的濾茶袋泡在牛奶中，
製作牛奶冷萃咖啡。

2

加入檸檬汁並緩慢攪拌，逐漸形成凝
乳（固體）。

3

使用濾杯，用咖啡濾紙過濾。

BACE

咖啡

Cold

# 咖啡櫻桃
# 氣泡飲

使用了咖啡果肉部分的乾燥咖啡果肉，
是一杯環境永續的飲料。
成品散發如同杏桃和紅豆般的清爽香氣。

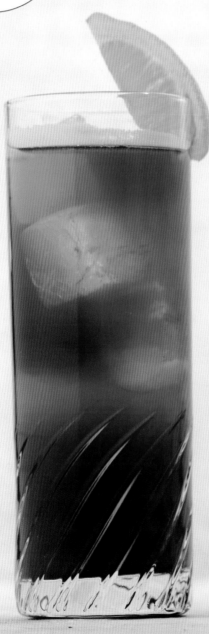

**材料**（咖啡果乾糖漿 約10杯量）

| | |
|---|---|
| 水 | 200g |
| 咖啡果乾 | 20g |
| 蔗糖 | 100g |
| 檸檬（果汁） | 30g |

1. 將水和咖啡果乾放入鍋中，開火煮沸5分鐘。
2. 關火浸泡10分鐘。加入蔗糖和檸檬汁，泡冰塊（份量外）降溫。

**材料**（1杯飲品量）

| | |
|---|---|
| 咖啡果乾糖漿 | 30g |
| 氣泡水 | 120g |
| 冷萃咖啡（淺焙衣索比亞） | 50g |
| 檸檬（切片） | 1片 |

## Cold

1. 將冰塊（份量外）加入玻璃杯中，倒入咖啡果乾糖漿。
2. 將氣泡水緩慢地倒入1的玻璃杯之中。
3. 從上方倒入冷萃咖啡，裝飾檸檬片。

**Point**

用鍋子熬煮出咖啡果乾的味道，做成糖漿。

Part 2 ── 咖啡 & 牛奶 的 軟 性 飲 料

材料(1杯飲品量)
義式濃縮咖啡··················30g
君度橙酒·····················5g
牛奶(冷凍濃縮)···········100g
黑巧克力·····················2g
柳橙片(乾燥)···············1片

**Hot**
1. 萃取義式濃縮咖啡。
2. 開火煮君度橙酒，
   使酒精揮發。
3. 將**2**的君度橙酒、牛奶和
   義式濃縮咖啡倒入鋼杯中打
   入蒸氣。
4. 倒入咖啡杯中，加上削細的
   黑巧克力粉。擺上裝飾乾燥
   柳橙片。

# 巧克力橙片飲

想像含有柳橙香氣的巧克力點心。
混入素材後一起烹煮，就能產生整體感。
再用表層的巧克力凸顯甜味與隱約苦味。

BACE

咖啡

**Hot**

( Vegan OK )

# 玉米茶
# 美式咖啡

將義式濃縮咖啡稀釋成美式咖啡的熱水，
換成亞洲常喝的玉米茶。
濃郁香氣與咖啡非常相配。

**材料(1杯飲品量)**
玉米茶 ⋯⋯⋯⋯⋯⋯⋯⋯170g
義式濃縮咖啡 ⋯⋯⋯⋯30g

**Hot**
1. 用熱水泡玉米茶，萃取4分鐘。
2. 萃取義式濃縮咖啡。
3. 將玉米茶倒入義式濃縮咖啡中。

BACE
─────────
咖啡

Hot

BACE

咖啡

Cold

# 照燒
# 咖啡奶昔

使用了醬油與味醂做成日式焦糖奶昔。
最後灑上黑胡椒，讓整體融合爲一。

**材料**（照燒糖漿約6杯量）

| | |
|---|---|
| 白味醂 | 40g |
| 日本酒 | 40g |
| 醬油 | 40g |
| 蔗糖 | 60g |

1. 將白味醂和日本酒放入鍋中，煮沸使酒精揮發。
2. 加入醬油、蔗糖同時攪拌，避免燒焦，提高濃度。
3. 將容器泡在冰塊（份量外）中散熱冷卻。

**材料**（1杯飲品量）

| | |
|---|---|
| 義式濃縮咖啡 | 30g |
| 照燒糖漿 | 30g |
| 牛奶 | 100g |
| 香草冰淇淋 | 30g |
| 冰塊 | 3個 |
| 黑胡椒粉 | 適量 |

**Cold**
1. 萃取義式濃縮咖啡。
2. 將義式濃縮咖啡、照燒糖漿、牛奶、香草冰淇淋、冰塊加入果汁機後，攪拌混合。
3. 倒入玻璃杯中，灑上黑胡椒粉。

**材料（巧克力基底7杯量）**

| 黑巧克力（調溫） | 120g |
|---|---|
| 牛奶巧克力（調溫） | 60g |
| 可可粉 | 20g |
| 熱水 | 100g |

**1.** 將黑巧克力、牛奶巧克力與
可可粉混合後加入熱水，
隔熱水加熱並充分混合溶解。

# 煙燻
# 摩卡咖啡

乍看之下看起來顏色很奇怪。
巧克力與培根的組合，
絕妙的甜度與鹹味令人上癮，
是料理中受歡迎的組合。

**材料（1杯飲品量）**

| 煙燻培根 | 3片 |
|---|---|
| 沙拉油 | 少許 |
| 巧克力基底 | 40g |
| 義式濃縮咖啡 | 30g |
| 杏仁奶 | 120g |

**Hot**

**1.** 用倒了一層少量沙拉油的平底鍋，將煙燻
培根煎到酥脆為止。

**2.** 取出煎好的培根，使用廚房紙巾去除多餘
的油脂。

**3.** 從平底鍋中取出剩下的培根油大約1g，加
入至巧克力基底中攪拌在一起。

**4.** 萃取義式濃縮咖啡，加入3的巧克力醬攪拌
混合。

**5.** 將杏仁奶打出大量奶泡，倒入咖啡杯中。

**6.** 從5上方倒入4的義式濃縮咖啡。

**7.** 將2的培根切碎，裝飾在上面。

BACE
咖啡

**Hot**

# 醬油糰子山椒拿鐵

醬油糰子醬濃醇的甜度與醬油的芬芳風味。
山椒當配料點綴在上，做成和風口味的拿鐵。

BACE

咖啡

Hot

**材料**（醬油糰子醬）

| | |
|---|---|
| 醬油 | 15g |
| 三溫糖 | 30g |
| 水 | 60g |
| 片栗粉 | 6g |

1. 在鍋中加入醬油、三溫糖、預先溶解於水中的片栗粉，攪拌到沒有結塊後再開火繼續攪拌。
2. 直到醬汁變白變濁，開始有濃稠感、沒有殘粉為止。
3. 完成後靜置冷卻。

**材料**（1杯飲品量）

| | |
|---|---|
| 醬油糰子醬 | 50g |
| 義式濃縮咖啡 | 40g |
| 牛奶 | 140g |
| 打發鮮奶油 | 40g |
| 山椒粉 | 少許 |

**Hot**

1. 在咖啡杯中加入醬油糰子醬30g和義式濃縮咖啡，攪拌至醬溶解於咖啡之中。
2. 將牛奶先蒸出奶泡，倒入**1**中。
3. 放上打發鮮奶油，淋上剩餘的醬油糰子醬。灑上山椒粉。

**Point**

放入醬油、三溫糖、預先溶解於水的

用打蛋器攪拌到沒有結塊後，開火。

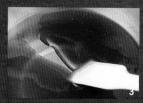
等濃稠到鍋底會殘留刮匙利刀痕跡的

# 冰可可亞
## （奶昔類型）

把傳統咖啡廳的可可亞轉變為現代風，新古典風格的冰可可亞。
搖晃過後，變成溫和的口感。

BACE

巧克力

Cold

**材料**（巧克力基底8杯量）
黑巧克力（調溫）··········150g
牛奶巧克力（調溫）··········50g
可可粉··········20g
熱水··········100g

**1.** 將黑巧克力、牛奶巧克力與
可可粉混合後加入熱水，隔
熱水加熱並充分混合溶解。

**材料**（1杯飲品量）
巧克力基底··········40g
牛奶··········120g
鮮奶油··········20g
糖粉··········適量
黑巧克力（調溫）··········1g

### Cold
**1.** 將巧克力基底和牛奶加入雪克杯
中，用湯匙充分攪拌。
**2.** 加入冰塊（份量外）搖勻。
**3.** 倒入玻璃杯中。
**4.** 將鮮奶油打成8分發，放在**3**上。灑
糖粉，削上黑巧克力屑作裝飾。

by Tanaka

BACE

咖啡

Cold

# 鹽麴焦糖拿鐵

以鹽麴中帶有鮮味的鹽味，為牛奶增加濃醇感，
是一款醇厚的鹽焦糖拿鐵。
鹽結晶為口感增添特色。

### 材料（1杯飲品量）
| | |
|---|---|
| 焦糖醬 | 50g |
| 鹽麴 | 5g |
| 義式濃縮咖啡 | 40g |
| 牛奶 | 110g |
| 奶泡 | 30g |
| 鹽結晶 | 一撮 |

### Cold
1. 將焦糖醬30g、鹽麴和義式濃縮咖啡混合在一起，倒入玻璃杯中。
2. 製作奶泡。
3. 將冰塊（份量外）加入**1**後再倒牛奶。
4. 將奶泡放在**3**上，淋上剩下的焦糖醬。灑上鹽結晶。

---

( Vegan OK )

# 隨身酒壺咖啡

靜置半天後，能完成滋味穩定、溫和的咖啡。
翻轉使用隨身酒壺轉移香氣，
做成複雜的滋味。

### 材料（1杯飲品量）
| | |
|---|---|
| 義式濃縮咖啡 | 50g |
| 水 | 150g |

### Cold
1. 將萃取好的義式濃縮咖啡和水加入隨身酒壺中，放在冰箱中靜置半天。
2. 將冰塊（份量外）加入玻璃杯中，倒入**1**。
※ 使用隨身酒壺後用水洗（不用洗碗精洗）

BACE

咖啡

Cold

by Katakura

Tea & Herb Soft Drink

# 茶與香草的
# 軟性飲料

理解因泡茶方式與風味特色會導致滋味不同，
再進行組合以凸顯特性。
試著區分豐富的茶種，做得更加美味。

Drink Textbook

# Part 3

# ⑩ 運用不同溫度範圍
# 萃取變化

依沖泡熱水的溫度或萃取時間不同，茶會產生不同的滋味和風味，
那是因爲萃取到的成分出現差異。
仔細了解飲用時的變化，就能接近想像中的原創飲品的味道。

### 牛奶飲料

了解溫度與萃取時間後，就可以逐漸發現適合飲品的泡茶方式。

如果是搭配像甜點的飲品，就刻意用高溫萃取，產生苦味和澀味，可以和甜味相抵取得平衡。此外，酸味和甜味與苦味結合後，五味的相乘效果變得更加美味。

製作苦味較低的飲品時，改用低溫或冷泡的方式萃取，可以降低散發苦味的成分，但相對地也會讓香氣變淡。

除了以單獨喝一口就覺得美味的滋味為目標萃取茶，再參考其他搭配的食物調整份量和濃度，就會變成升級版飲品。考慮與食物完成搭配時的整體均衡，就是做成美味飲品的秘訣。

### 萃取溫度與成分

※由於玉露比煎茶的咖啡因含量多了將近2倍，用高溫萃取會變得很澀和苦味。用60℃左右的溫度萃取產生能夠最多胺基酸，最後會得到沒有萃取出兒茶素並帶有鮮味的茶。
※烘焙茶很清爽且苦味很少，是因為在烘焙時用高溫加熱減少了苦味的來源──兒茶類以及咖啡因。

| 溫度 ＼ 成分 | 茶胺酸 | 咖啡因 | 兒茶素 | 香氣 |
|---|---|---|---|---|
| 50度 | 玉露 | | | |
| 60度 | 玉露 | | | |
| 70度 | 上煎茶、綠茶 | | | |
| 80度 | 煎茶、花茶白茶、黃茶 | | | |
| 90度 | 白茶、黃茶、青茶 | | | |

## 容易因高溫產生的成分

| 成分 | 味道・特徵 |
|---|---|
| 表兒茶素沒食子酸酯（ECG） | 澀味、苦味、高抗氧化活性 |
| 表沒食子兒茶素沒食子酸酯（EGCG） | 澀味、苦味、燃脂效果 |
| 表兒茶素（EC） | 苦味、高抗氧化活性 |
| 表沒食子兒茶素（EGC） | 苦味、提升免疫力、燃脂效果 |
| 咖啡因 | 清淡的苦味、提升血液循環和運動能力、緩解壓力 |

## 即使溫度低也容易產生的成分（胺基酸類）

| 成分 | 味道・特徵 |
|---|---|
| 茶胺酸 | 甜味、鮮味、緩解壓力 |
| 麩胺酸 | 酸味、鮮味、活化腦部功能、解氨中毒、利尿效果 |
| 天門冬胺酸 | 酸味、利尿作用、恢復疲勞 |
| 精胺酸 | 苦味、甜味、分泌生長賀爾蒙、恢復疲勞、燃脂效果 |

## 紅茶多酚（紅茶、烏龍茶等）

| 成分 | 味道・特徵 |
|---|---|
| 茶黃素 | 兒茶素發酵後形成的紅色色素。能夠抑制糖分吸收 |
| 茶紅素 | 兒茶素發酵後形成的紅色色素。有抗氧化的作用 |

※紅茶的成分中會萃取出因兒茶素氧化而變化的茶黃素或茶紅素。

兒茶素、咖啡因開始溶解

高

溫度

低

胺基酸類開始溶解

## 冷後渾

用冰塊將萃取過的紅茶冷卻後製作成冰茶，有時候會變白變混濁。紅茶多酚與咖啡因冷卻而結合變白變濁，這種現象叫做「冷後渾」。防止冷後渾的方法有3種。第一種是選擇大吉嶺、祁門或伯爵等多酚與咖啡因含量少的紅茶。第二種是以不會萃取紅茶多酚的溫度區間進行萃取，或是直接做成冷泡茶。第三種方法是加入液體量5~10%的砂糖，可以阻礙咖啡因與丹寧酸結合。

# 用混合茶做成
# 原創茶

組合茶葉的香氣與風味後，製作原創混合茶。
把適合的茶葉混合在一起後，味道能得到相乘效果，
可以做成更有深度的一杯飲料。

## 混合茶

茶葉專賣店裡不只販賣單一的茶葉，也會販售混合過的茶葉。只需要組合並混合茶葉，所以個人也能輕鬆混合製作。明確訂下想要怎樣的顏色、氣味、味道後，就能簡單製作。

用茶的顏色來區分的話，會呈現像日本茶的濃綠色、中國茶的黃綠色、紅茶的紅色、烏龍茶的咖啡色、普洱茶的深咖啡色。例如想要和水果搭配時就選擇像中國綠茶一樣的黃綠色，就會比較容易調配顏色。像這樣依成品的想像圖選擇顏色。

## 思考香氣

了解不同茶葉的香氣，並選擇適合的香氣吧。茶葉大致上的香氣如同右圖。另外，也很推薦混合茶葉之後，噴上精油的香氣以提升香氣的做法。試著找出可以互相襯托優點的茶葉吧。

### 茶的主要香氣

草・豆　　　花

海潮　　　　　　　　果實

辛香料　　　　土壤・苔蘚

濃香

### 加了牛奶的
### 濃厚混合茶範例

| 適合牛奶的濃茶 | | 基底茶 | | 香氣與醇香 |
|:---:|:---:|:---:|:---:|:---:|
| 港式奶茶<br>（熬煮） | ＝ | 烏瓦紅茶<br>＋<br>普洱茶 | ＋ | 香草（香氣）<br>＋<br>煉乳（醇香） |

味道濃烈的烏瓦紅茶帶有令人舒適的明顯醇香與澀味。這種香氣叫做烏瓦風味，帶有像薄荷醇一樣的香氣，是一款特色明顯的茶。

在有土壤般香氣的烏瓦紅茶和杏仁般香氣的普洱茶中熬煮香草，加入煉乳的醇香讓香氣更豐富，做成一杯濃郁的港式奶茶。

想要進一步發展結合獨特的澀味與香氣時，很推薦相當搭配的肉桂或八角等香料。紅茶因熬煮使澀味變強，和甜牛奶很搭，所以也很適合用於馬薩拉混合茶中。

### 清爽的混合茶範例

| 適合牛奶的濃茶 | | 基底茶 | | 香氣與醇香 |
|:---:|:---:|:---:|:---:|:---:|
| 凍頂烏龍茶<br>&<br>香柑 | ＝ | 凍頂烏龍茶 | ＋ | 香柑乾（香氣）<br>＋<br>檸檬精油（香氣） |

凍頂烏龍茶的特徵是帶有花朵般的香氣、淺金色且甜味濃郁的茶。在其中加入柑橘的清爽、和像伯爵茶一樣帶有花朵般香甜的香柑（為茶增添香氣的柑橘），增加華麗感與清涼感，做成一款清爽的混合茶。製作簡易混合茶時，用食品用精油增添香氣，再靜置在真空狀態下，就能讓香氣合而為一。

# 抹茶
# 檸檬牛奶

在抹茶拿鐵中加入檸檬酸，
淨化過後降低澀味，
是一款透明且感受得到
抹茶香氣與鮮味的飲品。

**材料**（1杯飲品量）

| | |
|---|---|
| 抹茶（粉） | 4g |
| 熱水（80℃） | 40g |
| 牛奶 | 200g |
| 檸檬（果汁） | 20g |
| 龍舌蘭糖漿 | 5g |

## Cold

1. 將熱水倒入抹茶中，用茶筅刷到沒有硬塊為止。
2. 將牛奶倒入玻璃容器中，與**1**的抹茶加在一起做成抹茶拿鐵。
3. 分次少量加入檸檬汁，使其分離。
4. 用咖啡濾紙過濾。
5. 加入龍舌蘭糖漿，調整甜度。
6. 倒入玻璃杯中，將抹茶（份量外）灑在飲品表層，強化香氣。

BACE

抹茶

Cold

材料（1杯飲品量）
抹茶（粉）·····················5g
熱水（80℃）···············40g
椰奶·······················100g
白芝麻（泥狀）············30g
冰塊·························2個
白芝麻·····················適量
芫荽粉·····················適量

**Cold**
1. 熱水倒入抹茶中，用茶筅刷茶。
2. 將**1**的抹茶、椰奶、白芝麻泥和冰塊加入果汁機中攪拌。
3. 倒入玻璃杯中，灑上白芝麻和芫荽粉。

BACE
抹茶

**Cold**

# 抹茶白芝麻
# 椰子奶昔

異國料理中經常使用的椰子與白芝麻是絕配。
與抹茶的鮮味、澀味及濃香調和後，
產生具有深度的味道。

# 義式濃縮咖啡版日本茶
## （濃縮煎茶）

提出萃取煎茶的全新方案。
使用行動濃縮咖啡機（Handpresso），
調解熱水溫度與加壓，
就可以抑制澀味、提取出濃烈鮮味。

BACE

綠茶

Hot

**材料（義式濃縮咖啡版日本茶）**
| | |
|---|---|
| 煎茶（茶葉）…………………12g |
| 熱水 …………………………50g |

**Hot**
1. 用磨咖啡豆機將茶葉磨細。
2. 把茶葉裝入行動濃縮咖啡機中。
3. 注入熱水、加壓萃取。
4. 倒入咖啡杯中。

**Point**

按壓固定磨細的茶葉。

配合茶葉倒入70~90℃的熱水。

緩慢加壓、進行萃取。

# 冰抹茶
# 卡布奇諾

利用果汁機做成綿密的抹茶飲品。
並使用和抹茶很搭的豆漿，
整體呈現清爽的印象。

**材料**（1杯飲品量）

| | |
|---|---|
| 抹茶（粉） | 5g |
| 熱水（80℃） | 40g |
| 豆漿（成分無調整） | 90g |
| 植物性鮮奶油 | 10g |
| 椰棗糖漿 | 10g |
| 冰塊 | 3個 |
| 抹茶（粉） | 0.3g |

## Cold

1. 熱水倒入抹茶中，用茶筅刷茶。
2. 將**1**攪散的抹茶、豆漿、鮮奶油、椰棗糖漿和冰塊放入果汁機中攪拌。
3. 充分攪拌至完全發泡後，倒入玻璃杯中。
4. 在泡泡上方灑上少量抹茶粉。

BACE

抹茶

Cold

by Fujioka

---

# 季節綠茶（櫻）

將櫻葉茶與散發櫻葉香氣的茶葉
組合而成的春日煎茶。
用濾杯過濾能有效地提取香氣。

**材料**（1杯飲品量）

| | |
|---|---|
| 煎茶（茶葉） | 5g |
| 櫻葉茶（茶葉） | 2g |
| 熱水 | 230g |

## Hot

1. 將煎茶與櫻葉茶放入浸泡式濾杯中萃取。
2. 倒入杯中。

※關於浸泡式濾杯請參照P.54。

BACE

綠茶

Hot

by Fujioka

Part 3 ── 茶與香草的軟性飲料

053

# 綠茶薄荷氣泡飲

將玉綠茶的濃香、清涼感與薄荷結合，
加入氣泡水稀釋成爽口的飲料。
依個人喜好擠入萊姆汁，尾韻會更加清爽。

BACE

綠茶

Cold

**材料(1杯飲品量)**
玉綠茶（茶葉）⋯⋯⋯⋯⋯6g
綠薄荷⋯⋯⋯⋯⋯⋯⋯⋯3g
熱水⋯⋯⋯⋯⋯⋯⋯⋯150g
冰塊⋯⋯⋯⋯⋯⋯⋯⋯4個
氣泡水⋯⋯⋯⋯⋯⋯⋯50g
萊姆（切塊）⋯⋯⋯⋯⋯1塊
薄荷⋯⋯⋯⋯⋯⋯⋯⋯適量

**Cold**
1. 將玉綠茶茶葉和綠薄荷放入浸
   泡式濾杯中，倒入熱水萃取。
2. 將冰塊放入玻璃杯中，倒入氣
   泡水後再從上方直接倒入1。
3. 裝飾薄荷、萊姆。

Point

邊測量茶葉與綠薄荷的重量，邊加入
至浸泡式濾杯中。

在拉起出水閥的狀態倒入熱水，按下
出水閥使熱水流過進行萃取。

# 紅抹茶
# 冰搖咖啡

用特殊的碾茶製作而成，
使用紅茶葉的抹茶。
搖晃過後空氣能襯托香氣，
再用柚子皮做成伯爵茶風味。

**材料**(1杯飲品量)
紅抹茶(粉)⋯⋯⋯⋯⋯⋯4g
熱水(80℃)⋯⋯⋯⋯⋯30g
牛奶(濃縮型)⋯⋯⋯⋯120g
柚子皮⋯⋯⋯⋯⋯⋯⋯少許

**Cold**
1. 熱水倒入紅抹茶中，用茶筅刷茶。
2. 將冰塊(份量外)加入雪克杯中，
   加入牛奶與1的紅抹茶，搖晃均勻。
3. 倒入玻璃杯中，灑上紅抹茶粉(份量外)，
   裝飾柚子皮。

BACE

抹茶

Cold

Part 3 ｜ 茶與香草的軟性飲料

BACE

中國茶／綠茶

Cold

# 碧螺春通寧水

碧螺春的甜味細緻，
搭配通寧水的香氣、清爽的萊姆，
是款很好入口的氣泡茶飲。

**材料（1杯飲品量）**
碧螺春（茶葉）⋯⋯⋯⋯⋯4g
熱水（沸騰）⋯⋯⋯⋯⋯100g
冰塊⋯⋯⋯⋯⋯⋯⋯⋯⋯80g
通寧水⋯⋯⋯⋯⋯⋯⋯100g
萊姆⋯⋯⋯⋯⋯⋯⋯切1/8塊

## Cold
1. 茶葉與熱水放入茶壺中，浸泡3分鐘。
2. 將冰塊放入1中冷卻。
3. 在放了冰塊（份量外）的玻璃杯中
　倒入1及通寧水。
4. 擠入萊姆汁並留於杯中。

# 草莓與薔薇果
# ＆扶桑

有水果味且酸度剛好的薔薇果
與能幫助疲勞恢復的扶桑和草莓加在一起，
是杯療癒身體的飲品。

BACE

香料 & 香草

**Cold**

**材料**（草莓醬）

草莓泥 ⋯⋯⋯⋯⋯⋯⋯⋯⋯ 200g
種扇糖 ⋯⋯⋯⋯⋯⋯⋯⋯⋯ 100g
檸檬泥 ⋯⋯⋯⋯⋯⋯⋯⋯⋯ 10g

1. 在鍋中放入草莓泥與種扇糖、
   放入一半份量的檸檬泥，開中
   火將種扇糖煮到溶解為止。
2. 種扇糖溶解之後泡冰水（份量
   外）冷卻，加入剩下的檸檬泥並
   攪拌均勻。

**材料**（1杯飲品量）

薔薇果 ⋯⋯⋯⋯⋯⋯⋯⋯⋯ 3g
扶桑 ⋯⋯⋯⋯⋯⋯⋯⋯⋯⋯ 1g
甜菊 ⋯⋯⋯⋯⋯⋯⋯⋯⋯⋯ 1g
熱水（沸騰）⋯⋯⋯⋯⋯⋯ 80g
冰塊 ⋯⋯⋯⋯⋯⋯⋯⋯⋯⋯ 40g
草莓醬 ⋯⋯⋯⋯⋯⋯⋯⋯⋯ 40g

**Cold**

1. 薔薇果切碎，搓揉扶桑與
   甜菊後再放進茶器中，
   倒入熱水泡3分鐘。
2. 將冰塊放入 **1** 中冷卻。
3. 草莓醬和冰塊（份量外）放入葡
   萄酒杯中，邊過濾邊倒入 **2**。

Part 3 ｜ 茶與香草的軟性飲料

**材料（卡本內蘇維翁葡萄醬）**

卡本內蘇維翁葡萄泥 ·················· 200g
種扇糖 ································· 100g
檸檬泥 ·································· 10g

1. 在鍋中加入卡本內蘇維翁葡萄泥、種扇糖和一半份量的檸檬泥，開中火將種扇糖煮到完全溶解為止。
2. 種扇糖溶解後，泡冰水（份量外）冷卻，倒入剩下的檸檬泥並攪拌均勻。

**材料（檸檬醬）**

檸檬泥 ·································· 210g
種扇糖 ································· 200g

1. 在鍋中加入檸檬泥200g和種扇糖，開中火將種扇糖煮到完全溶解為止。
2. 種扇糖溶解後，泡冰水（份量外）冷卻，倒入檸檬泥10g並攪拌均勻。

**材料（生乳酪醬）**

奶油起司 ······························ 200g
優格 ································· 100g
牛奶 ································· 100g
鮮奶油 ······························ 100g
細砂糖 ······························· 20g
檸檬醬 ······························· 30g

1. 所有的材料放入果汁機中攪拌均勻。
2. 將1放入奶油槍中，加蓋搖晃30次。
3. 將一氧化二氮氣體注入2中，再上下搖晃30次。

**BACE**

中國茶／烏龍茶

**Cold**

**材料（1杯飲品量）**

葡萄烏龍茶（茶葉） ···················· 4g
熱水（沸騰） ························· 120g
冰塊 ································· 60g
晴王麝香葡萄（冷凍） ················ 80g
卡本內蘇維翁葡萄醬

··············· 60g
生乳酪醬 ······························ 50g

**Cold**

1. 茶葉與熱水倒入茶器中，浸泡3分鐘。
2. 冰塊放入1中冷卻。
3. 將2、晴王麝香葡萄、卡本內蘇維翁葡萄醬和冰塊（份量外）放入果汁機中攪拌。
4. 將3倒入玻璃杯中，放上生乳酪醬。

# 晴王麝香葡萄與卡本內蘇維翁葡萄烏龍茶

將品質良好的葡萄與葡萄烏龍茶的香氣
加在一起做成了果昔。
放上生乳酪醬，甜點茶即完成。

**材料（1杯飲品量）**

水 ················································· 200g
土耳其茶（茶葉）··························· 3g
薄荷 ··············································· 3g
檸檬香茅 ········································ 3g

**𝓗𝓸𝓽**

1. 將水倒入雙層式茶壺「土耳其壺」的下壺，在上壺
   加入土耳其茶、薄荷與檸檬香茅，開火煮沸。
   ※用蒸氣悶蒸放在上層茶壺中的茶葉。

2. 將下層茶壺煮開的熱水倒入上方的茶壺中，
   再開小火煮20分鐘。倒入咖啡杯中。

BACE

土耳其茶／紅茶

**𝓗𝓸𝓽**

Vegan OK

# 新鮮香草
# &土耳其茶

在使用傳統沖泡法的土耳其茶中
混入新鮮的香草，
帶有清爽香氣的新喝法提案。

**材料（1杯飲品量）**
鐵觀音茶（茶葉）⋯⋯⋯⋯⋯⋯5g
熱水（沸騰）⋯⋯⋯⋯⋯⋯120g
冰塊⋯⋯⋯⋯⋯⋯⋯⋯⋯100g
酢橘⋯⋯⋯⋯⋯⋯⋯⋯⋯2顆

**Cold**
1. 將茶葉和熱水倒入茶器中，浸泡3分鐘。
2. 冰塊放入**1**中冷卻。
3. 將冰塊（份量外）與切成一半的酢橘擠入玻璃杯中，倒入**2**。

# 鐵觀音
# 酢橘茶  (Vegan OK)

口感喝起來很清淡的茶飲。
深綠色的青茶與淺綠色的酢橘果汁融合在一起，
外觀也很美麗。

BACE

台灣茶／烏龍茶

Cold

# 東方美人
# 杏桃茶 （Vegan OK）

芳醇又香甜的東方美人，滋味也很接近紅茶。
用杏桃的酸甜，互相襯托風味。

**材料**（1杯飲品量）
東方美人茶（茶葉）……………4g
熱水（沸騰）……………………200g
杏桃乾………………………小6顆
柳橙乾（圓切片）…………1/2個

**Hot**
1. 將茶葉和熱水倒入茶器中，浸泡3分鐘。
2. 杏桃乾加入咖啡杯中、倒入**1**，
　搭配柳橙乾。

BACE

台灣茶／烏龍茶

Hot

by Tanaka

---

# 2種綠茶 （Vegan OK）

凍頂烏龍的特徵是近似綠茶的風味，
帶有明顯的香氣。
再加入煎茶清爽的澀味，做成新的混合茶。

**材料**（1杯飲品量）
凍頂烏龍茶（茶葉）……………2g
煎茶（茶葉）……………………2g
熱水（沸騰）……………………200g

**Hot**
1. 將凍頂烏龍茶和熱水倒入茶器中，泡2分鐘。
2. 在**1**中加入煎茶，再泡1分鐘後，倒入玻璃杯中。

BACE

烏龍茶／綠茶

Hot

by Tanaka

Part 3 ── 茶與香草的軟性飲料

# 百香果茉香茶

享受香氣的冰茶。
在茉莉花茶裡加入檸檬香茅和百香果，
讓豐富的香氣瀰漫開來。

BACE

中國茶／花茶

Cold

**材料**（百香果醬）

| | |
|---|---|
| 百香果泥 | 200g |
| 細砂糖 | 200g |
| 百香果 | 8個 |
| 檸檬（果汁） | 10g |

1. 在鍋中加入百香果泥、細砂糖、百香果的果肉與籽和一半份量的檸檬汁，開火讓細砂糖溶解。
2. 放在放入冰水（份量外）的調理盆上方，用鍋鏟攪拌使其急速冷卻。加入剩下的檸檬汁並攪拌均勻。

**材料**（1杯飲品量）

| | |
|---|---|
| 茉莉花茶（茶葉） | 4g |
| 檸檬香茅（乾燥） | 2g |
| 熱水（沸騰） | 120g |
| 冰塊 | 100g |
| 百香果醬 | 50g |
| 檸檬片（乾燥） | 1片 |

## Cold

1. 茶葉、乾燥檸檬香茅和熱水倒入茶器中，浸泡3分鐘。
2. 將冰塊放入**1**中冷卻。
3. 百香果醬和冰塊（份量外）加入玻璃杯中，倒入**2**。
4. 放上裝飾檸檬片。

**材料（乳清）**
優格（無糖）⋯⋯⋯⋯⋯400g

**1.** 在容器上放篩網，將無糖優格
放入篩網中置一晚瀝乾水分。
※400g的優格約能做出重量1/3
的乳清。

**材料（1杯飲品量）**
大吉嶺（茶葉）⋯⋯⋯⋯⋯4g
熱水（沸騰）⋯⋯⋯⋯⋯70g
冰塊⋯⋯⋯⋯⋯⋯⋯⋯50g
乳清⋯⋯⋯⋯⋯⋯⋯100g

**Cold**
**1.** 茶葉和熱水倒入茶器中，
浸泡4分鐘。
**2.** 冰塊放入**1**中冷卻。
**3.** 將冰塊（份量外）加入玻璃杯
中，依序倒入乳清、**2**。

Point

將優格放入細目濾網中瀝乾水分。　　用一個晚上充分瀝乾水分，分開乳清
與優格。

BACE
印度茶／紅茶

Cold

# 大吉嶺
# 優格飲

只使用優格過濾後得到的乳清，
做成清澈的奶茶。
清爽的尾韻很好入口。

BACE

中國茶／烏龍茶

Hot

( Vegan OK )

# 白桃烏龍
# 薄荷茶

新鮮且大量的薄荷和白桃很契合。
自然的甜度與清涼感達到良好平衡。

**材料（1杯飲品量）**

白桃烏龍茶（茶葉）·············4g
熱水（沸騰）·······················200g
新鮮薄荷·····························2g

**Hot**

1. 將茶葉和熱水倒入茶器中，浸泡3分鐘。
2. 將新鮮薄荷放入玻璃杯中，倒入 **1**。

**材料**（1杯飲品量）

| | |
|---|---|
| 肉荳蔻 | 6顆 |
| 黑胡椒（整粒） | 10粒 |
| 八角 | 2顆 |
| 丁香 | 6顆 |
| 肉桂棒 | 1根 |
| 正山小種（茶葉） | 20g |
| 水 | 200g |
| 牛奶 | 260g |
| 蜂蜜 | 20g |

**Hot**

1. 在肉荳蔻上劃切口。
   把黑胡椒、八角、丁香和肉桂棒切碎。
2. 在鍋中加入**1**和水，用中火煮沸
   讓香料的香氣散發出來。
3. 將正山小種加入**2**中，熬煮3分鐘。
   加入牛奶並加熱到快要沸騰為止。
4. 用濾茶器一邊過濾，
   一邊將**3**倒入咖啡杯中，附上蜂蜜。

BACE

**中國茶／紅茶**

Hot

# 蜜香
# 正山小種香料茶

在正山小種的熏香中，
加入大量刺激性香料和蜂蜜的甜度，
做成有深度的香料茶。

Part 3 ｜ 茶與香草的軟性飲料

065

BACE

中國茶／烏龍茶

Cold

Vegan OK

# 草莓玫瑰
# 烏龍茶

芳醇的玫瑰香氣和酸甜的草莓加在一起，
做出成熟高雅的滋味。

**材料（1杯飲品量）**

玫瑰烏龍茶（茶葉）⋯⋯⋯⋯4g
熱水（沸騰）⋯⋯⋯⋯⋯100g
冰塊⋯⋯⋯⋯⋯⋯⋯⋯60g
草莓⋯⋯⋯⋯⋯⋯⋯⋯80g
玫瑰花瓣⋯⋯⋯⋯⋯⋯⋯3g

**Cold**

1. 將茶葉和熱水倒入茶器中，浸泡3分鐘。
2. 冰塊放入1中冷卻。
3. 草莓放入雪克杯中，用碎冰錘搗碎。
4. 將2和冰塊（份量外）加入3中，大力搖勻（硬搖法）。
5. 倒入玻璃杯中，裝飾玫瑰花瓣。

( Vegan OK )

# 南非國寶薑茶

含有豐富礦物質和多酚的南非國寶茶，
在隱約的香甜之中
用能提升免疫力的生薑使身體暖和。

### 材料(1杯飲品量)

| | |
|---|---|
| 水 | 300g |
| 南非國寶茶(茶葉) | 2g |
| 乾薑 | 5g |

### Hot

1. 在鍋中加水後開火，煮沸之後加入南非國寶茶和乾薑。

2. 轉小火，熬煮10分鐘。用濾茶器過濾並倒入咖啡杯中。

Part 3 ｜ 茶與香草的軟性飲料

BACE

香料 & 香草

Hot

( Vegan OK )

BACE

香料 & 香草

Cold

# 檸檬香桃木&
# 檸檬香茅茶

擁有強烈柑橘類香氣的檸檬香桃木，
與有如生薑般香氣的檸檬香茅結合，
做成全新感受的檸檬飲品。

**材料**（1杯飲品量）

檸檬香桃木 ·················· 2g
檸檬香茅 ······················ 2g
熱水（沸騰）··············· 100g
冰塊 ····························· 50g
檸檬（切片）····················1片

## Cold

1. 檸檬香桃木和檸檬香茅加入茶器中，
   倒入熱水浸泡4分鐘。
2. 冰塊放入**1**中冷卻。
3. 將冰塊（份量外）加入玻璃杯中，
   倒入**2**並裝飾檸檬片。

材料 (茶基底)
蛋殼 ···················1顆份量
烏瓦紅茶 (茶葉) ·········50g
普洱茶 (茶葉) ···········5g
香草莢 ·················5g
水 ····················1000g

1. 蛋殼、烏瓦紅茶和普洱茶放入鍋中乾炒。
2. 將香草莢、水倒入1中,開火煮沸後,轉中火燉煮30分鐘。
3. 用篩網仔細過濾。總重量未滿800g時加水。

材料 (1杯飲品量)
茶基底 ·················90g
牛奶 ···················72g
煉乳 ···················18g

**Hot**
1. 在手鍋中加入茶基底、牛奶和煉乳,
   加熱到60°C為止。
2. 倒入耐熱玻璃中,用免蒸汽拉花奶泡棒
   製作奶泡。

**Point**

在辛香的烏瓦紅茶中混合陳香的普洱
茶凸顯味道。

# 港式奶茶

充分熬煮正宗的港式混合茶葉,
和甜味溫和的煉乳結合的濃厚奶茶。

BACE

中國茶／紅茶

**Hot**

Part 3 ｜ 茶與香草的軟性飲料

# 武夷岩烘焙茶

武夷岩茶獨特的芳香、澀味與甜味。
烘焙茶的尾韻與香濃也會瀰漫在口中，
請試著加在一起取得平衡。

**材料**（1杯飲品量）
武夷岩茶（茶葉）…………2.5g
烘焙茶……………………1.5g
熱水（沸騰）……………200g
方糖…………………………1個

**Hot**
1. 將武夷岩茶和烘焙茶加入茶器中，
   倒入熱水浸泡3分鐘。
2. 將1倒入咖啡杯中，附上方糖。

**Point**

以武夷岩茶為基底，選香氣濃烈的深
焙棒茶當作混合的烘焙茶。

BACE

中國茶／烘焙茶

Hot

( Vegan OK )

# 煎茶&茉莉
# &白桃茶

令人覺得像舒適暖風的綠茶
搭配充滿花香的茉莉花。
加入了白桃精油，
做成特別的混合茶。

**材料**（煎茶&茉莉花&白桃混合茶）
煎茶（茶葉）⋯⋯⋯⋯⋯600g
茉莉花茶（茶葉）⋯⋯⋯400g
白桃精油⋯⋯⋯⋯⋯⋯⋯1g
（整體重量的2%）

1. 將煎茶、茉莉花茶茶葉放入可密封
   的袋子中。將白桃精油噴在茶葉上
   後密封，放在陰暗處靜置一個禮拜。

**材料**（1杯飲品量）
煎茶&茉莉花&白桃混合茶
（茶葉）⋯⋯⋯⋯⋯⋯⋯6g
熱水（80℃）⋯⋯⋯⋯300g

**Hot**

1. 將煎茶&茉莉花&白桃
   混合茶加入茶器中，
   倒入熱水浸泡4分鐘。

BACE
中國茶／綠茶

Hot

**Point**

1

將煎茶和茉莉花茶茶葉放入調理盆中
混合。

2

放入真空袋並噴上精油。

3

不須抽真空，直接用封口機固定。

BACE

中國茶／烏龍茶

Cold

Vegan OK

# 凍頂烏龍茶&
# 香柑茶

擁有蘭花甘甜香氣特徵的凍頂烏龍茶，
搭配上有柑橘的清爽和香柑的花香混合在一起。

**材料**（凍頂烏龍茶&香柑混合茶）
凍頂烏龍茶（茶葉）⋯⋯⋯⋯⋯900g
土佐香柑（切片）（香柑）⋯⋯100g
檸檬精油⋯⋯⋯⋯⋯⋯⋯⋯⋯⋯1g

1. 將凍頂烏龍茶茶葉和土佐香柑放入
   可密封的袋子中。
   將檸檬精油噴在茶葉上後密封，
   放在陰暗處靜置一個禮拜。

**材料**（1杯飲品量）
凍頂烏龍&香柑混合茶（茶葉）
⋯⋯⋯⋯⋯⋯⋯⋯⋯⋯⋯⋯⋯⋯4g
熱水⋯⋯⋯⋯⋯⋯⋯⋯⋯⋯⋯⋯120g
冰塊⋯⋯⋯⋯⋯⋯⋯⋯⋯⋯⋯⋯60g
香柑（切片）⋯⋯⋯⋯⋯⋯⋯⋯1片

## Cold
1. 將凍頂烏龍茶和香柑混合茶加入茶器
   中，倒入熱水浸泡4分鐘。
2. 冰塊放入**1**中冷卻。
3. 將冰塊（份量外）加入玻璃杯中，倒入**2**。
   放上香柑片。

## Various Ingredients
## Soft Drink

# 各種不同食材的
# 軟性飲料

把主要用於餐點或甜點中的材料做成飲料。
把味道與眾不同的「邊喝邊吃」新提案，
用來增加菜單的守備區。

# Part 4

# 各種不同食材與
# 軟性飲料的可能性

飲品的理論是使用現有的飲料和水果等進行製作，
隱藏了從未使用過的食材也有成為飲品的可能性。
學習味覺的要素與素材的特徵，並有效利用飲品的變化。

---

### 將食材做成飲品

以後的軟性飲品菜單，應該會逐漸增加使用從未用
於飲料中的各種食材的機會。本書也有將使用於
料理或甜點的食材變化成飲品的食譜。「料理＝固
體」、「飲品＝液體」是現狀，並且一般認為位於
中間位置的是湯品，必須漸漸改掉這些概念。
構思新菜單時，以味覺的五個要素「甜味」、「鹹
味」、「酸味」、「苦味」、「鮮味」取得味道平
衡。只要加入五味之中的3個要素，就容易覺得美
味。再結合食材的香氣，就可添增更複雜的味道。

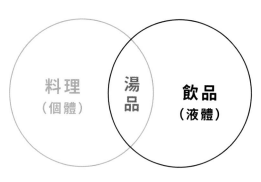

[一直以來的理解方式]

---

### 甜點 × 飲品

近年來飲品從「喝」逐漸轉移到「邊吃邊喝」。例
如「栗子甘露煮蒙布朗&烘焙茶（P.81）」是在栗
子與鮮奶油中加入洋酒風味，將栗子泥擠成像是滑
順的海綿蛋糕或蛋白霜等細泥，這是以人氣甜點蒙
布朗為基礎想出的「邊吃邊喝的飲品」。而飲食搭
配的思考方式則是，因為用了日本栗子，所以使用

同樣很搭的日式茶——烘焙茶。反之，如果是使用
西方產栗子時，則建議搭配紅茶。先吃蒙布朗尼
後，再喝下烘焙茶，品嘗混合了兩者味道的變化，
分成了3階段的飲用方式。
把各別想出的甜點和飲品合而為一，就會誕生出新
的甜點茶。

## 香料×飲品

馬薩拉茶在香料飲品當中很有名。此外，原材料是可可的巧克力其實也是辛香料之一。

辛香料分成有辛味（刺激）的食材和增添香氣的食材。依產地不同喜好會改變，使用方法也有很多。例如赤道附近生產胡椒，所以經常食用胡椒。有發汗作用的辛香料大多具有為身體降溫的效果。相反地到了寒冷地區則大多傾向於使用山椒。山椒有麻麻的味道，並且山椒含有「山椒油」這種會讓血管擴張、改善血液流動並溫暖身體的成分。像這樣因不同辛香料而有不同效果，所以多加注意這些部分就可以製作讓身體覺得美味的飲品。

「綠胡椒熱巧克力（P.82）」搭配了巧克力的苦味與甜味，以及綠胡椒水果般的辛味製作而成。醋漬過後增加酸味，平衡並融合了「苦味」、「甜味」、「酸味」3種味覺要素，成為新奇的巧克力飲品。

## 海鮮食材×飲品

像湯一樣的飲品中，也可以使用感覺只能用於料理中的食材。

舉例來說「牡蠣香草拿鐵（P.80）」是用食物烘乾機烘乾生牡蠣的方式，減少腥臭味後，再運用到飲品當中。

提及生牡蠣給人的感覺完全與飲品無關。但是只要掌握每種食材，像奶油牡蠣義大利麵這種融合了牡蠣精華的液體的菜單很常見，可以降低衝突感。生牡蠣原本就被稱為「海中牛奶」，味道濃厚也很適合乳製品。

牡蠣中的海潮香氣，與日本茶有共通之處，可以說像是把日本茶和奶油紅豆餡一起吃的感覺。

像這樣尋找氣味相似的食材，聯想後就能誕生出全新的飲食搭配。運用各式各樣的調理法，好比烘乾並去除生牡蠣的腥臭味，如何消除對飲品來說扣分的部分很重要。組合詳細調查過的香氣後，從前只能在料理中品嘗到的食材，也可以當作飲品享用。

**材料（1杯飲品量）**

| | |
|---|---|
| 無酒精琴酒 | 100g |
| 柳橙 | 1顆 |
| 檸檬 | 1顆 |
| 萊姆 | 1顆 |
| 小黃瓜 | 1根 |
| 薄荷 | 15g |
| 紫蘇葉 | 3片 |

**Cold**

1. 將無酒精琴酒倒入喇叭口玻璃水瓶中。
   柳橙、檸檬、萊姆、小黃瓜切片加入，
   並放入薄荷浸泡。

2. 浸泡1個小時左右之後，
   倒入加了冰塊（份量外）的玻璃杯中。

3. 裝飾醃漬好的柳橙、檸檬、紫蘇葉和薄荷。

Vegan OK

# 處女桶皮姆酒

把在英國常飲用的利口酒飲品
做成無酒精調酒。
醃漬泡入小黃瓜和水果，
也可以用通寧水稀釋無酒精琴酒。

BACE

水果 & 蔬菜

Cold

**材料（Dragon糖漿 8杯量）**
紹興酒 160g
酸梅湯 40g
肉荳蔻 3顆
丁香 3顆
肉桂棒 1根
香草 1根
碁石茶（茶葉） 4g
蔗糖 100g

1. 倒入紹興酒至鍋中，開火使酒精揮發。
2. 加入酸梅湯、肉荳蔻、丁香、肉桂棒、香草、碁石茶煮沸。
3. 關火浸泡幾分鐘，再一次煮沸後過濾。
4. 加入蔗糖並溶解，泡冰塊（份量外）冷卻散熱。

**材料（1杯飲品量）**
Dragon糖漿 40g
氣泡水 120g
檸檬（切片） 3片
冰塊 5個

**Cold**
1. 在玻璃杯中放入冰塊（份量外），按照順序倒入Dragon糖漿、氣泡水。
2. 放上裝飾檸檬片。

Vegan OK

# Dragon可樂

以紹興酒為基底加入了香料、酸梅湯和碁石茶，
形成複雜且令人上癮的味道。
喝過一次就忘不了的強烈碳酸飲料。

BACE
香料 & 香草

Cold

BACE

水果 & 蔬菜

Cold

**材料**（1杯飲品量）
可可果肉果汁 ·················40g
義式濃縮咖啡（苦）···········數滴
通寧水 ·····················120g

**Cold**
1. 在玻璃杯中放入冰塊（份量外），倒入可可果肉果汁。
2. 將義式濃縮咖啡調整得比平常萃取時顆粒更細、粉量變多後進行萃取，取出最初較苦的幾滴咖啡液。
3. 將少量的2加入1的玻璃杯中，倒通寧水。

# 怪奇泡泡雞尾酒

使用可可豆果肉部分的果汁。
利用義式濃縮咖啡的萃取法，模仿金巴利香甜酒的苦味。
沒有人喝過的無酒精泡泡雞尾酒。

# 紫蘇綠茶
# 莫希托

使用香氣濃烈的紫蘇葉來取代薄荷。
用酢橘和綠茶做成日式莫希托。

BACE

日本茶／綠茶

Cold

**材料**（1杯飲品量）

| | |
|---|---|
| 煎茶（茶葉） | 4g |
| 熱水（沸騰） | 100g |
| 冰塊 | 80g |
| 紫蘇葉 | 5g |
| 細砂糖 | 10g |
| 酢橘 | 2顆 |
| 氣泡水 | 80g |

**Cold**

1. 煎茶放入茶器中，倒入熱水浸泡1分鐘。
2. 將冰塊放入**1**冷卻。
3. 在玻璃杯中加入撕碎的紫蘇葉和細砂糖，用碎冰錘搗碎。加入切成一半的酢橘，繼續搗碎。
4. 將冰塊（份量外）加入**3**中。按照順序倒入**2**和氣泡水。

**Point**

在玻璃杯中，放入撕碎的紫蘇葉和細砂糖，搗碎並且讓紫蘇葉的香氣散發出來。

加入酢橘，搗壓溶解細砂糖。

倒入氣泡水。

Part 4 —— 各種不同食材的軟性飲料

079

# 牡蠣
# 香草拿鐵

使用了牡蠣的新飲品。
海潮的香氣與牛奶、香草出人意料地相配，
無庸置疑地成為了一杯頂級的飲料。

BACE

牛奶

**Cold**

**材料**（乾燥牡蠣）

生牡蠣 ·················適量
水 ·····················1ℓ
鹽 ····················20g

1. 將生牡蠣從殼中取出。
2. 在調理盆中加入水和鹽拌勻，
   製作鹹度2%左右的鹽水。
   放入牡蠣，用手輕柔地連同皺褶內部洗
   掉髒污。
3. 放在食物乾燥機上，將其烘乾。
4. 完全乾燥之後做成粉末。

**材料**（1杯飲品量）

乾牡蠣（粉末）········2g
香草冰淇淋 ···········60g
牛奶 ·················60g
石蓴 ··················2g

**Cold**
1. 在雪克杯中加入乾燥牡蠣、香草冰淇淋
   和牛奶，大力搖勻（硬搖法）。
2. 倒入玻璃杯中，灑上石蓴。

Point

1
將牡蠣從殼裡取出。

2
用食物乾燥機烘乾。

# 栗子甘露煮
# 蒙布朗&烘焙茶

將栗子甘露煮做成滑順的蒙布朗泥，
滿滿地擠在香氣濃郁的烘焙茶上方，
是一款外觀也很討喜的甜點茶。

BACE

日本茶／烘焙茶

Cold

## 材料（蒙布朗泥）

| | |
|---|---|
| 栗子甘露煮 | 310g |
| 鮮奶油 | 90g |
| 無鹽奶油 | 80g |
| 黑糖蜜糖 | 30g |
| 牛奶 | 130g |

1. 將栗子甘露煮放入食物調理機中，
   打到變細為止。
2. 在1中加入鮮奶油、無鹽奶油和
   黑糖蜜糖，繼續攪拌。
3. 分次加入牛奶至2，打至滑順。

## 材料（1杯飲品量）

| | |
|---|---|
| 烘焙茶（粉） | 8g |
| 熱水（沸騰） | 120g |
| 冰塊 | 60g |
| 打發鮮奶油 | 30g |
| 蒙布朗泥 | 80g |

### Cold

1. 將烘焙茶加入茶器中，
   倒入熱水浸泡3分鐘。
2. 冰塊放入1中冷卻。
3. 將冰塊（份量外）放入塑膠杯中，
   倒入2。
4. 在3上擠打發鮮奶油、擠蒙布朗泥。

Point

1

把蒙布朗泥放入蒙布朗擠花機中。

2

在離玻璃杯稍高的位置擠
上布朗泥。

Part 4 | 各種不同食材的軟性飲料

□ Restaurant　☑ Cafe　☑ Patisserie
□ Fruit parlor　□ Izakaya　□ Bar

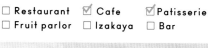

# 紅豆豆漿拿鐵

紅豆泥與義式濃縮咖啡的濃郁與甘甜
互相均衡融合在一起。
豆漿和黃豆粉散發香氣，
緊接而來的味道是紅豆的濃香。

by Tanaka

**材料**（1杯飲品量）

| 材料 | 份量 |
| --- | --- |
| 紅豆泥 | 70g |
| 義式濃縮咖啡 | 40g |
| 豆漿 | 220g |
| 黃豆粉 | 少許 |

**Hot**

1. 在咖啡杯中加入紅豆泥和義式濃縮咖啡，攪拌溶解。
2. 將蒸過的高溫豆漿倒入1中。
3. 灑上黃豆粉。

**BACE**

咖啡

**Hot**

☑ Restaurant　☑ Cafe　☑ Patisserie
□ Fruit parlor　□ Izakaya　□ Bar

# 綠胡椒
# 熱巧克力

邊咀嚼綠胡椒邊喝下，
使用苦巧克力的濃厚熱巧克力。
混合了華麗香氣與鹽味的奢華情趣。

by Tanaka

**材料**（1杯飲品量）

| 材料 | 份量 |
| --- | --- |
| 苦巧克力 | 60g |
| 牛奶 | 160g |
| 鮮奶油 | 20g |
| 綠胡椒（鹽水浸泡） | 適量 |

**Hot**

1. 在鍋中加入苦巧克力、牛奶、鮮奶油。開火加熱到巧克力溶解。
2. 將1倒入咖啡杯中，附上綠胡椒。

**BACE**

香料 & 香草

**Hot**

Fruit Material Soft Drink

# 水果素材的
# 軟性飲料

解說利用新鮮水果與加工成水果泥
做成新鮮又鮮美的飲品重點。
請配合使用目的來進貨。

Drink Textbook

# Part 5

# 不同店家
# 選擇水果的方式

有些店家想穩定提供相同的商品；
也有些店家想要經常推出流行性商品，經營方式各有不同。
請打造符合店面的規模，專業地選擇素材。

## 選擇適合的材料

如果想要非常講究，最適合使用新鮮水果，但有時候會忙碌到來不及進行作業程序處理。像這樣的店則最好使用果泥、醬汁或糖漿。

不過香氣是用來評判商品很重要的一點，人工的糖漿帶給人的印象比水果或果泥差。因此可以添加冷凍水果或果泥以補足香氣的手法。

重視原創性，同時注意選擇符合店家運作的素材、使用適合的素材，也會提高顧客的滿意度。

## 果泥

[適合的店家]
飯店（餐廳、咖啡廳）、餐飲集團、居酒屋集團、
酒吧、咖啡廳集團

將水果加工做成偏液體狀的產品。使用水果時，顏色會因氧化而容易變色，但只要做成果泥就能讓顏色穩定、容易使用，這點很吸引人。不直接使用改做成醬汁，滋味會變濃厚且香氣更強，也可以增加甜度，變得更容易調整味道。

### 缺點

大多果泥是使用未成熟的水果進行加工，或是經過熱處理而使原本的香氣變淡。直接使用時沒有新鮮水果那麼甜。

### 優點

100%的水果或者含有甜度，所以有使用了水果的感覺，同時做得出穩定的味道。不須進行剝皮等作業程序，顏色也不會產生變化。

## 新鮮水果

[適合的店家]
飯店（主酒吧）、餐廳、咖啡師、酒吧（雞尾酒／一般）、
個人經營咖啡廳

為了製作飲品而直接使用水果，成品很香令人覺得很美味。全世界愛好自然的人也持續增加，所以受歡迎的店家大多傾向使用新鮮水果。另一方面，例如剝皮等作業程序變多、原價高、味道不穩定、容易耗損等風險也是缺點，所以必須留意進貨。

 缺點

**作業程序增加，原價變貴**

優點

打造特製菜單，即使用高價販售也容易吸引客人購買，與其他店鋪做出區別。具有「只有在這裡才喝得到」的附加價值，也容易形成口碑、打響名聲，可能會讓客人覺得「就算貴也想喝看看」。

 缺點

**味道不穩定**

優點

新鮮的水果會因熟度而改變滋味。比起剛採收時放置幾天後甜度通常會增加，無法達到穩定的味道。從另一個角度來看，正因為是新鮮水果所以味道會改變，讓顧客意識到這點就會轉為附加價值。

 缺點

**容易耗損**

優點

例如將水果熟成之後產生的甜味，用於酸中帶甜的飲品當中，再供應給客人直接享用水果的滋味，配合時機點改變使用方法。過熟時除了冷凍保存，也可以加工成果泥或醬汁就不會浪費，長時間都能使用。理解成熟方式的變化，並配合做成飲品或進行加工，可以減少耗損並穩定味道。

## 糖漿

[適合的店家]
連鎖餐廳、連鎖居酒屋、連鎖咖啡廳

在日本的店家主要使用糖漿。雖然有供應穩定、原價實惠、不會耗損等許多優點，但是在世界標準中逐漸減少使用頻率。其理由在於即使使用糖漿味道很穩定，但與其他店家的味道沒有差別，很難做成有原創性的商品。

缺點

屬於人工香氣，無法與其他店家的商品做出區別。想要增強香氣的話，就得增加使用量，也會讓甜度變強。

 優點

可以降低飲品的販賣價格。就算員工沒有技術也很容易做出相同味道、沒有耗損。作業程序少，因此容易應對大量訂單。

**材料（1杯飲品量）**
柿子（榨汁後的份量）……100g
卡本內蘇維翁葡萄醬（P.58）
……………………………………30g

### Cold

1. 剝掉已成熟的柿子皮並去籽，
   用慢磨機榨汁。
2. 在玻璃杯中加入卡本內蘇維翁
   葡萄醬和冰塊（份量外），
   慢慢倒入 **1**。

# 柿子&卡本內蘇維翁葡萄果汁

結合了紅葡萄酒用的葡萄——卡本內蘇維翁與柿子，
發揮兩者的香氣，達到平衡的組合。

BACE
水果 & 蔬菜
Cold

**材料（1杯飲品量）**

| | |
|---|---|
| 伯爵茶 | 100g |
| 覆盆子醬 | 20g |
| 覆盆子 | 20g |
| 薄荷 | 1枝 |

## Cold

1. 在玻璃杯中加入冰塊（份量外），
   倒入伯爵茶和覆盆子醬。
2. 放上裝飾覆盆子和薄荷。

# 伯爵茶 &
# 覆盆莓氣泡飲

伯爵茶中香柑的香氣和
覆盆子的酸甜，
是讓飲品更加有層次感的組合。

BACE

水果 & 蔬菜

Cold

# 森加森加拉草莓
# 香草奶昔

用草莓泥展現漂亮的粉紅色。
降低了甜度，是一款適合大人的草莓香草奶昔。

**BACE**

水果 & 蔬菜

**Cold**

**材料（1杯飲品量）**

| | |
|---|---|
| 森加森加拉草莓泥 | 50g |
| 香草冰淇淋 | 120g |
| 牛奶 | 120g |
| 草莓 | 1顆 |

## Cold

1. 將一半份量的森加森加拉草莓泥、
   香草冰淇淋、牛奶加入果機中攪拌。
2. 把剩下的森加森加拉草莓泥
   加在**1**中，倒入玻璃杯。放上草莓裝飾。

( Vegan OK )

# 晴王麝香葡萄
# 接骨木花茶

**材料**（1杯飲品量）
接骨木花（茶葉）⋯⋯⋯⋯3g
熱水（沸騰）⋯⋯⋯⋯⋯100g
冰塊⋯⋯⋯⋯⋯⋯⋯⋯80g
晴王麝香葡萄（冷凍）⋯100g

## Cold

1. 接骨木花茶葉加入茶器中，
   倒入熱水浸泡3分鐘。
2. 冰塊放入 **1** 中冷卻。
3. 將切成一半的晴王麝香葡萄
   放入玻璃杯中，倒入 **2**。

將晴王麝香葡萄冷凍後，
奢侈地大量使用葡萄取代冰塊。
是杯只要一融化，
接骨木花中帶有的麝香葡萄香氣
就會調和在一起的冰香草茶。

BACE

水果 & 蔬菜

Cold

Part 5 ｜ 水果素材的軟性飲料

089

**材料**（1杯飲品量）
卡本內蘇維翁葡萄泥⋯⋯⋯25g
鮮榨柳橙汁⋯⋯⋯⋯⋯⋯100g
柳橙乾（切片）⋯⋯⋯⋯⋯1片

**Cold**
1. 將卡本內蘇維翁葡萄泥放入
   玻璃杯中，倒入柳橙汁。
2. 裝飾柳橙乾。

# 卡本內蘇維翁葡萄
# 柳橙汁

濃縮了卡本內蘇維翁葡萄的味道和香氣的果泥，
並加入帶有些微苦味的柳橙，
做成像黑醋栗柳橙般風味的無酒精雞尾酒（Mocktail）。

BACE

水果 & 蔬菜

Cold

**材料(1杯飲品量)**
西洋梨 ·······················1/4顆
冷凍紅葡萄 ·················60g
無酒精紅酒 ················60g

**Cold**
1. 將西洋梨削皮放入玻璃杯中，
   用碎冰錘搗碎。放入冷凍紅葡萄。
2. 在1中倒入無酒精紅酒。

BACE

水果 & 蔬菜

Cold

# 西洋梨葡萄酒

將糖煮紅酒西洋梨變化成飲料。
一款口感清爽的無酒精飲品。

Part 5 ｜ 水果素材的軟性飲料

**材料 (1杯飲品量)**

香柑(果汁) ······················· 20g
彈珠汽水 ···························· 1瓶
香柑(切片) ························ 3片
蒔蘿 ································· 適量

**Cold**

1. 榨取香柑果汁，
   將香柑切片再切成1/8大小。
2. 在玻璃杯中放進**1**和冰塊(份量外)。
   倒入彈珠汽水。
3. 擺上裝飾蒔蘿。

# 香柑彈珠汽水

使用柑橘爲彈珠汽水調味，
再和新鮮香柑加在一起
可以喝到香氣與酸甜味。

BACE

水果 & 蔬菜

Cold

# 柚子胡椒通寧水

把自家種表皮粗糙的柚子做成柚子胡椒，
再加上柚子泥做成香氣豐富的柚子雙重奏氣泡飲。
這一杯也很適合搭配餐點。

**材料**（柚子胡椒）

青柚子
　　　…… 小6顆的外皮（約35g）
綠色辣椒 ……………………35g
鹽 ……………………………15g

1. 削掉青柚子的外皮。
2. 去除綠色辣椒的蒂頭和籽，垂直切成一半後切碎。
3. 將1、2和鹽加在一起攪拌均勻。
※ 完成後馬上可以使用，但再靜置一個星期以上味道會變更圓潤。

**材料**（1杯飲品量）

柚子果皮泥 ………………………50g
柚子胡椒 ……………………適量
鹽 ………………………………適量
通寧水 ………………………120g

## Cold

1. 在玻璃杯的杯緣塗抹少量柚子果皮泥（份量外），再依序沾滿柚子胡椒、鹽。
2. 將柚子果皮泥放入玻璃杯中。
3. 放入冰塊（份量外），倒通寧水。

BACE

水果 & 蔬菜

Cold

**Point**

青柚子的產季在8~10月上旬，綠色辣椒的產季則在7~9月，所以要在兩種食材產季短暫重疊的時間內製作。

用磨缽磨碎先前隨意切碎的青柚子皮和鹽。

放入乾淨的保存容器中。冰在冷藏的保存期限約1年。

☑ Restaurant　☑ Cafe　☐ Patisserie
☐ Fruit parlor　☑ Izakaya　☑ Bar

by Tanaka

# 巨峰啤酒

巨峰葡萄明顯的甜度與啤酒苦澀的
滋味很均衡，
顏色也很鮮豔充滿果香。

**材料**（1杯飲品量）
巨峰葡萄泥·····················50g
無酒精啤酒·····················250g

## Cold
**1.** 將巨峰葡萄泥倒入玻璃杯中。
**2.** 在 **1** 中倒入無酒精啤酒。

BACE

水果 & 蔬菜

Cold

---

☑ Restaurant　☑ Cafe　☑ Patisserie
☐ Fruit parlor　☐ Izakaya　☐ Bar

by Tanaka

# 焦糖柚子茶

柚子茶上漂浮滿滿的棉花糖，
用料理用噴槍烤成焦糖狀
就成爲非常適合冬天的甜點茶。

**材料**（1杯飲品量）
柚子泥·····················50g
熱水（沸騰）·············250g
棉花糖·····················5～6個
柚子皮·····················適量

## Hot
**1.** 咖啡杯中放入柚子泥和熱水後攪拌。
**2.** 棉花糖放在 **1** 上，用料理噴槍烤棉花糖。
**3.** 在 **2** 上放切成絲的柚子皮。

BACE

水果 & 蔬菜

Hot

BACE

水果 & 蔬菜

Cold

( Vegan OK )

# 泰國檸檬 &
# 檸檬香茅 &
# 泰式茶

香味豐富的泰國檸檬 × 香甜的泰式茶，
可以說是最強泰式檸檬茶。

**材料**(1杯飲品量)
Number One Brand
手標泰式茶（茶葉）·············4g
熱水（沸騰）··················100g
冰塊························50g
墨西哥青檸檬··················2顆
冷凍檸檬香茅（莖）·············5g
龍舌蘭糖漿···················20g

**Cold**
1. 在茶器中加入茶葉，
   倒入熱水浸泡3分鐘。
   用濾茶器過濾後，放入冰塊冷卻。
2. 切掉墨西哥青檸檬的頭尾部分，
   再切成3等份的圓片狀。
   用碎冰錘和檸檬香茅一起搗碎，
   再與龍舌蘭糖漿混合。
3. 在杯中加入冰塊（份量外），
   倒入1、放上2。

**材料（檸檬糖漿）**

檸檬 ⋯⋯⋯⋯⋯⋯⋯500g
冰糖 ⋯⋯⋯⋯⋯⋯⋯500g

1. 切掉檸檬的頭尾部分，再切成圓片狀。
2. 將冰糖和**1**的檸檬交錯放入保存罐中，蓋上蓋子。
3. 常溫保存直到冰糖完全溶解為止。溶解後放在冰箱中保存，偶爾搖晃瓶身。

**材料（1杯飲品量）**

檸檬糖漿 ⋯⋯⋯⋯⋯⋯40g
水 ⋯⋯⋯⋯⋯⋯⋯⋯140g
糖漬檸檬片 ⋯⋯⋯⋯⋯2片

**Cold**

1. 在杯中放冰塊（份量外），倒入檸檬糖漿和水。
2. 用切小的糖漬檸檬片裝飾。

**Point**

使用綠檸檬，香氣會變得更加豐富。

# 檸 檬 水

要是買到美味檸檬的話，
直接和冰糖加在一起，直接做成檸檬水最好。
用綠色檸檬的成品會更香。

BACE

水果 & 蔬菜

**Cold**

**材料（日向夏柑泡沫）**

| | |
|---|---|
| 水 | 200g |
| 日向夏柑泥 | 100g |
| 細砂糖 | 80g |
| 奶油槍用泡沫 | 20g |

1. 將所有材料放入奶油槍中，蓋好噴頭。
2. 打開氣瓶的閥門，將瓦斯接頭壓入注入口進行填充。氣音停止後拆掉瓦斯接頭，關閉閥門。

**材料（1杯飲品量）**

| | |
|---|---|
| 檸檬泥 | 20g |
| 日向夏柑泥 | 30g |
| 細砂糖 | 10g |
| 水 | 120g |
| 日向夏柑泡沫 | 50g |

**Cold**

1. 在玻璃杯中放入冰塊（份量外），倒入水及細砂糖，並按照順序加入檸檬泥和日向夏柑泥。
2. 上下搖晃日向夏柑泡沫的瓶子，把噴嘴拉到手邊，擠在1上。

BACE

水果 & 蔬菜

Cold

# 日向夏柑版檸檬水

將和柚子香氣很像的日向夏柑與檸檬
兩種柑橘加在一起，
做出風味豐富的檸檬水。

Part 5 ｜ 水果素材的軟性飲料

**材料（1杯飲品量）**

| | |
|---|---|
| 乾燥胡椒薄荷 | 3g |
| 熱水（沸騰） | 100g |
| 冰塊 | 50g |
| 土佐香柑（香柑） | 1/2顆 |
| 冷凍檸檬香茅（莖） | 5g |
| 龍舌蘭糖漿 | 20g |
| 冰塊 | 50g |
| 薄荷 | 3g |

**Cold**

1. 將乾燥薄荷加入茶器中，
   倒入熱水浸泡3分鐘。
2. 香柑再切成4等分，和檸檬香茅一起用碎
   冰錘搗碎。與龍舌蘭糖漿混合。
3. 在杯中加入冰塊（份量外），倒入 **1**。
   輕輕攪拌之後加入 **2**，放上薄荷。

( Vegan OK )

# 香柑 &
# 薄荷檸檬水

土佐香柑與加了大量薄荷的薄荷茶結合，
做成清爽暢快的檸檬水。

BACE
水果 & 蔬菜
Cold

Substitute Food Soft Drink

# 可以當成代餐的
# 軟性飲料

飲品也可以當作餐點飲用或補充營養。
用慢磨機做成營養滿分的果汁，
或用果汁機做成能品嘗到完整素材滋味的果昔，
本章將說明使用超級食物的飲品。

Part **6**

# 用慢磨機製作
# 營養成分高的飲品

慢磨機可以直接將蔬菜或水果的營養成分做成果汁。
好好掌握其特徵、優點和缺點後熟悉操作方式。

## 慢磨機的特徵

不使用金屬刀刃，用從上方按壓食材的榨汁器邊扭轉邊緩慢地榨汁。和螺旋刀頭組合在一起就能充分榨汁，對食材產生最低限度的熱度、不會使營養成分流失並榨出汁。
慢磨機不需加水也可以完全擠出食材中含有的水分，所以能直接享用到食材原有的顏色與風味，做成濃厚的飲料。

因為很接近自然的狀態且含有豐富營養成分，就像直接吃到食材本身一樣令人滿足，成為充滿吸引力的飲品。

| 特徵 | 像磨缽一樣將食材搗碎榨成汁 |
| --- | --- |
| 液體的狀態 | 清爽 |
| 優點 | 因為低速運轉榨汁，不會提高食材溫度，也不會破壞酵素和營養成分 |
| 缺點 | 會讓果肉與液體分離，所以打1杯份量的果汁就需要很多材料 |

## 用法

將材料切成一口大小，放入慢磨機中。

裝好殘渣與液體排出口的容器，打開開關。

螺旋刀頭旋轉之後，液體會留在主體內，向外排出
殘渣。

慢磨結束後關掉開關，打開液體排放口的塞頭，把
榨出的果汁倒入容器中。

## 慢磨機飲品

用慢磨機榨汁後，液體和固體（殘渣）會呈現分離
的狀態。慢磨機的特徵是相較一般果汁機的液體量
少，不過相對地因為連皮一起榨汁，所以香氣更豐
富，就像是直接吃水果一樣的滋味。

此外，很適合邊享用食材本身的味道，邊攝取營養
成分的飲品，所以不適合加入糖分或香料。想增加
甜味的話應該加入有甜味的水果進行調整。很難直
接喝入口中的蔬菜汁，只要和水果加在一起的話就
會變成美味的飲品。

慢磨機飲品也很適合只靠果汁來補充必要養分，
讓消化器官休息、並且排出體內毒素的排毒計畫
（P.111）。

水分含量少的食材與味道濃的食材，只要和水分含
量多的食材結合就能變得順口，也比較容易調整飲
品原價。

# 用果汁機
# 製作果昔

可以完整喝到果肉與蔬菜的果昔。
當作可以高效攝取豐富營養的飲品也很受到歡迎。
請試著運用特點、加入菜單中。

## 果汁機的特徵

高速運轉、有強大的粉碎力,可以完全打碎蘊含豐富營養的蔬菜、水果的籽、皮與芯等。

小孩不喜歡的蔬菜苦味,和其他材料完全融合在一起後更容易入口,可以讓身體完整吸收營養成分。

不只襯托食材中的香氣,成品口感滑順、喝起來也很溫和。

果汁機飲品的特徵,除了能享受食材本身的滋味之外,也可以攝取到許多纖維質。另外,因為所有素材都打成了液體,所以份量也很多,屬於滿足感較高的飲品。

| 特徵 | 用刀片切碎食材 |
|---|---|
| 液體的狀態 | 濃稠 |
| 優點 | 因為可以直接品嘗到食材本身,能攝取到大量纖維質。 |
| 缺點 | 只放水分含量少的蔬菜或是水果時,刀片會空轉,所以必須加水 |

## 用法

將食材與牛奶加入果汁機中。

蓋緊蓋子，按下開關攪拌。

切掉開關，倒入玻璃杯中。

## 果汁機飲品

用果汁機製作飲料可以運用在各式各樣的用途上，例如冰沙、果昔、奶昔等。

[冰沙]

加入冰塊一起製作的冰飲。如果不是使用粉碎力強的果汁機攪拌，冰塊在碎掉之前會因刀片高速運轉的熱度而融化。從低速開始運轉，在一開始粉碎冰塊後再轉為高速運轉，讓果汁機運轉到變得滑順為止。這麼做零度以下的液體就不會輕易融化。另外，因為過一段時間，飲品一定會呈現分離狀態，所以有些店家也會加入穩定劑。

[果昔]

使用了冷凍的水果或蔬菜等做成的雪酪狀飲料。用粉碎力強的果汁機也可以粉碎水分含量多、結凍的水果。先冷凍好成熟的水果比較容易保存，也能預防耗損。果昔的魅力在於連含有營養成分與香氣強烈的水果皮、籽一起粉碎，做成滑順同時可以品嘗到香氣的飲品。在歐美等地會把增加營養補給、有口感的果昔當作早餐來飲用。

[奶昔]

將牛奶和冰淇淋等乳製品，以及巧克力或水果的糖漿混合製作成雪酪狀的牛奶飲料。在冷卻的狀態下攪拌脂肪成分，用果汁機的高速運轉模式攪拌到乳化，做成有濃稠感的飲品。

果昔

# 酪梨醬果昔

把墨西哥塔可餅用的沾醬「酪梨醬」做成了果昔。
雖然很濃厚，但加了酸味和香料後喝起來很清爽。

**材料**(1杯飲品量)
冷凍酪梨⋯⋯⋯⋯⋯⋯⋯⋯150g
酸奶油⋯⋯⋯⋯⋯⋯⋯⋯⋯70g
鮮榨檸檬汁⋯⋯⋯⋯⋯⋯⋯10g
牛奶⋯⋯⋯⋯⋯⋯⋯⋯⋯⋯200g
鹽⋯⋯⋯⋯⋯⋯⋯⋯⋯⋯⋯少許
萊姆⋯⋯⋯⋯⋯⋯⋯⋯⋯⋯3片
辣椒粉⋯⋯⋯⋯⋯⋯⋯⋯⋯少許
萊姆(切片)⋯⋯⋯⋯3片(切半圓)

## Cold

1. 在果汁機中加入酪梨、
   酸奶油50g、檸檬汁、牛奶後攪拌。
2. 倒入玻璃杯中。
   放上剩餘的酸奶油，
   灑上鹽和辣椒粉，裝飾用萊姆片。

BACE

水果 & 蔬菜

Cold

Point

高速運轉時有強大粉碎力的果汁機，
連蔬菜、水果的籽、皮和芯都能夠打
碎，甚至冷凍的食材也可以打成滑順
的果昔。

BACE

水果&蔬菜

**Cold**

果昔

# 焦糖香蕉飲

真空調理後的香蕉增加了甜度與香氣，
和香氣濃厚的焦糖結合後，
做成濃郁口感的飲品。

Point

放入60°C的熱水中香蕉就不會變色，還會增加2成左右的甜度，香氣也會變強。

**材料（真空調理香蕉）**
香蕉

1. 將整根香蕉放入真空袋中，放入60°C的熱水中浸泡1個小時，慢慢地熱熟。
2. 連同袋子泡在冰水（份量外）中，急速冷卻。
3. 剝掉香蕉皮，擦乾水分之後切成小塊、冷凍。

**材料（1杯飲品量）**

| | |
|---|---|
| 真空調理香蕉 | 140g |
| 牛奶 | 160g |
| 焦糖醬 | 30g |
| 打發鮮奶油（偏軟） | 50g |
| 紅糖 | 5g |

**Cold**

1. 將真空調理香蕉和牛奶放入果汁機中攪拌。
2. 將焦糖醬倒入杯中，再倒入**1**。
3. 在**2**上放偏軟的打發鮮奶油，灑上紅糖並用料理噴槍烤成焦糖。

by Tanaka

BACE
水果 & 蔬菜

Cold

果昔  Vegan OK

# 黃色果昔

以鳳梨為主，加入了苦味和酸味，
是杯可以調理身體的維他命果昔。

**材料**（1杯飲品量）

| | |
|---|---|
| 冷凍鳳梨 | 130g |
| 西洋芹 | 50g |
| 鮮榨葡萄柚汁 | 200g |
| 鳳梨乾 | 1塊 |

**Cold**

1. 將鳳梨、西洋芹和葡萄柚汁
   放入果汁機中攪拌。
2. 倒入玻璃杯中，放上裝飾鳳梨乾。

---

by Katakura

BACE
水果 & 蔬菜
Cold

果昔

# 黑色草莓牛奶

在很濃的草莓牛奶中加入炭，
外觀不只吸睛也可以達到排毒效果。

**材料**（1杯飲品量）

| | |
|---|---|
| 牛奶 | 130g |
| 草莓 | 100g |
| 草莓醬 | 50g |
| 煉乳 | 10g |
| 食用炭 | 5g |

**Cold**

1. 所有材料放入果汁機中攪拌。
2. 將**1**倒入杯中。

# 紅色果昔

以無花果當基底,並使用紅色系的水果帶皮製作,
是一杯可以充分補充鐵質的果昔。

**材料**(1杯飲品量)

[A]
無花果 ⋯⋯⋯⋯⋯⋯⋯⋯200g
冷凍紅葡萄 ⋯⋯⋯⋯⋯60g
蔓越莓汁 ⋯⋯⋯⋯⋯⋯120g

無花果(帶皮)⋯⋯⋯⋯1/2塊

## Cold

1. 在果汁機中放入無花果、
   紅葡萄和蔓越莓汁攪拌。
2. 倒入玻璃杯中,
   裝飾再切一半的無花果塊。

BACE

水果 & 蔬菜

Cold

by Tanaka

---

Vegan OK

# 綠色果昔

使用羽衣甘藍爲主的綠色系蔬菜和水果。
請享用含有大量膳食纖維的綠拿鐵。

**材料**(1杯飲品量)

羽衣甘藍 ⋯⋯⋯⋯⋯⋯⋯20g
冷凍奇異果 ⋯⋯⋯⋯⋯200g
小黃瓜 ⋯⋯⋯⋯⋯⋯⋯50g
鮮榨蘋果汁 ⋯⋯⋯⋯⋯180g
巴西里(切碎)⋯⋯⋯⋯適量

## Cold

1. 在果汁機中放入羽衣甘藍、奇異果、
   小黃瓜和蘋果汁攪拌。
2. 倒入玻璃杯中,
   將切碎的巴西里裝飾在上方。

BACE

水果 & 蔬菜

Cold

by Tanaka

慢磨機　　Vegan OK

# 水梨&
# 檸檬迷迭香飲

西洋梨的甜味中帶有檸檬汁清爽的尾韻。
先醃漬好新鮮迷迭香，香氣會更濃。

**材料**（1杯飲品量）
西洋梨 ·················· 220g
檸檬（帶皮）············ 40g
迷迭香 ·················· 1枝

**Cold**
1. 將西洋梨和檸檬放入慢磨機中榨成汁。
2. 將**1**裝進瓶中，放入迷迭香。

BACE

水果&蔬菜

**Cold**

慢磨機　Vegan OK

# 甜菜&
# 肉桂蘋果汁

將與肉桂香氣很搭的蘋果加在一起，
以減低甜菜的土腥味，成品很美味。

**材料**（1杯飲品量）

甜菜 ·····60g
蘋果（帶皮）·····340g
肉桂粉·····適量

## Cold

1. 將甜菜和蘋果放入慢磨機中榨成汁。
2. 加入肉桂粉攪拌，再裝入瓶中。

BACE

水果 & 蔬菜

Cold

by Tanaka

---

慢磨機　Vegan OK

# 香料胡蘿蔔
# 柳橙汁

孜然粉經常搭配胡蘿蔔料理，兩者味道很協調，
可以讓獨特的香氣變緩和。

**材料**（1杯飲品量）

胡蘿蔔 ·····120g
柳橙（去皮）·····120g
孜然粉·····少許

## Cold

1. 將胡蘿蔔和柳橙放入慢磨機中榨成汁。
2. 加入孜然粉攪拌，再裝入瓶中。

BACE

水果 & 蔬菜

Cold

by Tanaka

Part 6 —— 可以當成代餐的軟性飲料

**材料（1杯飲品量）**

番茄（帶皮）⋯⋯⋯⋯⋯⋯250g
昆布茶⋯⋯⋯⋯⋯⋯⋯⋯少許

### Cold

**1.** 將番茄放入慢磨機中榨成汁。
**2.** 加入昆布茶攪拌，再裝入瓶中。

慢磨機

# 番茄昆布茶

番茄中含有麩胺酸與同樣擁有此成分的昆布茶
混合後變得更加香醇，
是一杯具有鮮味，像湯品一樣的果汁。

BACE

水果 & 蔬菜

Cold

# 5days Cleanse program

排毒計畫

**1st** glass    **2nd** glass    **3rd** glass    **4th** glass    **5th** glass

果昔    慢磨機

[做法] **1日2.5ℓ×5天**
（500㎖×5次）

1天2.5ℓ是指500㎖×5次
並在5天內反覆進行。

在固定期間不吃固體食物
只喝果汁獲取必要養分，
並讓消化器官休息的飲食計畫。
藉由讓體內排毒，可以達到恢復
內臟功能和提高免疫力的效果。

※因材料不同會改變成品份量，所
以請按比例製作。
※依比例標示食譜的份量。請遵守
比例調節份量。

□ Restaurant
☑ Cafe
□ Patisserie
□ Fruit parlor
□ Izakaya
□ Bar

※本計畫旨在用飲品替換原本
的餐點，因此需要充分注意自
身的健康狀態再飲用，請確實
告知客人後再提供。

# 5days Cleanse program

# 1st glass

果昔　Vegan OK

## 杏仁香蕉牛奶

杏仁奶中含有豐富的
抗氧化物質──維他命E。
香蕉中含有許多一般認為
具有活化腦部活動、
提高專注力效果的血清素。
是最適合早晨剛清醒時的飲品。

**材料**（依比例標示份量）

[A]

杏仁奶 ………………… 7
香蕉 ……………………… 3

（香氣要素：每500㎖加入）
香草莢 ………………… 1g

**Cold**

1. 將[A]的香蕉和杏仁奶
   放入果汁機中攪拌。

杏仁奶 **7**　香蕉 **3**

**材料**（依比例標示份量）

甜菜 ………………… 1
蘋果 ………………… 1
胡蘿蔔 ……………… 1

（香氣要素）
生薑 ………………… 0.2

## Cold

1. 按照順序將甜菜、蘋果、胡蘿蔔
   和生薑放入慢磨機中榨成汁。
   ※從水分含量少的材料開始加。

甜菜根
**1**

蘋果
**1**

胡蘿蔔
**1**

生薑
**0.2**

慢磨機　　Vegan OK

# ABC果汁

這是在美容大國——韓國，很受歡迎的天然果汁，
ABC果汁各取以下單字的首字母組成，
「A＝Apple」、「B＝Beet」、「C＝Carrot」。
甜菜中含有鐵質，也含有許多
維他命B群之一的葉酸。
胡蘿蔔、蘋果具有抗氧化作用，
可以達到美肌效果。
也有改善血管、心臟健康、
肝功能、提升免疫力等效果。

# 2nd
**glass**

Part 6 ｜ 可以當成代餐的軟性飲料

# 5days
# Cleanse
# program

# 3rd
## glass

## β-胡蘿蔔素&
## 維他命飲

β-胡蘿蔔素吸收到人體中之後會轉變成維他命A，
有維持眼睛和皮膚健康的效果。
加上含有豐富維他命C的橘子，
可以達到預防皮膚粗糙與預防感冒的效果。

慢磨機　　Vegan OK

**材料**（依比例標示份量）
[A]
胡蘿蔔 ·······················1
橘子 ·······················1

胡蘿蔔
**1**

橘子
**1**

(香氣要素：每500ml加入)
肉桂（桂皮） ··············1根

**Cold**
**1.** 將[A]按照順序加入慢磨機中榨成汁。
※從水分含量少的材料開始加。

# 鳳梨柑橘汁

鳳梨中含許多膳食纖維，會讓肚子脹氣抑制空腹感，
也可以幫助預防便祕。
還有柑橘的香氣具有抗憂鬱作用和鎮靜作用，
可以達到解除不安和緊張的放鬆效果。

**材料**（依比例標示份量）
[A]
檸檬 ······························ 1
葡萄柚 ·························· 2
鳳梨 ······························ 2

（香氣要素：每500mℓ加入）
檸檬香茅 ······················ 5g
薄荷 ······························ 3g

**Cold**
1. 將[A]按照順序加入慢磨機中榨成汁。
※從水分含量少的材料開始加。

| 檸檬 | 葡萄柚 | 鳳梨 |
|:---:|:---:|:---:|
| 1 | 2 | 2 |

**4th**
glass

by Katakura

---

慢磨機　Vegan OK

# 綠蘋果果汁

用滿含維他命的小松菜當基底，再加入蘋果。
蘋果的果膠有整腸和鎮靜作用，
鳳梨和西洋芹的纖維則可以抑制空腹感。
是一款最適合夜晚的飲品。

**材料**（依比例標示份量）
[A]
西洋芹 ·········· 1　　蘋果 ·········· 3
小黃瓜 ·········· 2　　小松菜 ········ 1
鳳梨 ············ 3　　巴西里 ········ 6支

（香氣要素：每500mℓ加入）
檸檬皮 ·········· 1g

**Cold**
1. 將[A]按照順序加入慢磨機中榨成汁。
※從水分含量少的材料開始加。

| 西洋芹 | 小黃瓜 | 鳳梨 | 蘋果 | 小松菜 |
|:---:|:---:|:---:|:---:|:---:|
| 1 | 2 | 3 | 3 | 1 |

**5th**
glass

Part 6 ── 可以當成代餐的軟性飲料

by Katakura

# 攝取
# 超級食物

從1980年代的美國和加拿大開始風行的超級食物。
在研究飲食療法的醫師與專家間
變成專指突顯並含有效成分的食品。

## 超級食物的特性

超級食物具有「抗氧化作用很強」、「預防老化或文明病」、「降低罹癌風險」等效果。
「比起一般的食品，含有更多維他命、礦物質、葉綠素、胺基酸等人體必須營養成分及健康成分，主要為植物來源的食品」，在此前提之下，依不同提倡者提出了不同食品，但基本上指的是「含有大量對健康有益的營養成分，且其中大多數為低熱量的食品」。

其中也有很多常見的蔬菜水果，像是連蘋果皮和胡蘿蔔葉都完整吃掉，一方面很接近長壽飲食法的一物全體（全食物），而食品中所含的複數營養、健康成分是對身體有益的「藥」這一點，與中國的藥膳及漢方也有共通之處。

## 優點

營養均衡的出色營養食品，超級食物大多是植物性。因此不攝取動物性食材的純素者（vegan）或素食者（vegetarian）的人也可以安心攝取，因為超級食物中，包含了通常在動物性食材中才有的營養成分。

方便獲取營養的營養品是人工製造的產品，超級食物是自然食材且光吃少量的營養價值就很高，這一點令人開心。此外，可以說不論當作料理的食材或健康食品都是很出色的食材。

| 超級食物的條件 | ●能攝取到特定的有效成分<br>●極少量就能有效攝取營養、健康成分 |
| --- | --- |

## 超級食物的定義

在日本會把抹茶當消遣飲用，不過在使用許多有機食材和自然食材的澳洲，則被當作超級食物食用。澳洲與日本不同，就像吃其他的超級食物那樣，常見到用在食物中攝取。

另外，黑枸杞有抗氧化作用，並且含有能幫助眼部活動的多酚之一──花青素，大約為藍莓的20倍含量。

現在有許多不同的食材是超級食物，但沒有明確被定義成超級食物的特定食品。今後大概也會因為更多研究發現新食材的營養成分，當作超級食物被大家認識。

順利使用的話，感覺會讓飲食生活變得更加豐富。請一定要參考接下來要介紹的食譜。

## 超級食物範例

**黑枸杞**

含有豐富花青素的天然果實，圖為烘乾黑枸杞的產品。

**甜菜粉**

將甜菜噴霧乾燥後加工成顆粒細緻的粉。

**奇亞籽**

屬於紫蘇科的植物艾歐鼠尾草的種籽。特徵是很會吸收水分。

**藍藻**

天然藍藻類，含有許多礦物質與維他命的綜合營養食品。

**辣木粉**

含有90種營養成分。具有調整腸內環境活動的功效，抗氧化能力也很強。

**酪梨**

含有豐富膳食纖維、有放鬆功效的鉀，是心靈與身體需要的營養成分。

**甘酒**

用米和麴製作而成，甚至被稱作「喝的點滴」，以高營養價值聞名。

**生可可粉**

指生可可豆低溫加工過的產品。有抗老化的效果。

**抹茶**

將茶樹的嫩芽做成粉狀後溶解飲用，可以完整攝取到營養成分。

# 黑枸杞檸檬
# 氣泡水

黑枸杞中含有豐富花青素，是藍莓的20倍。
依其特性享受顏色變化。

BACE

水果 & 蔬菜

Cold

黑枸杞

**材料**（黑枸杞糖漿）
水 ································ 200g
小蘇打 ···························· 5g
黑枸杞果實 ························ 6g
細砂糖 ·························· 200g

1. 在鍋中加入水和小蘇打並攪拌溶解。
   加入黑枸杞後開火，
   將溫度加熱到50°C為止。
2. 在1中加入細砂糖溶解之後，
   泡在放了冰水（份量外）的
   調理盆中急速冷卻。
   用濾茶網過濾保存。

**材料**（1杯飲品量）
黑枸杞糖漿 ······················ 30g
強碳酸水 ························ 120g
檸檬汁 ·························· 40g
檸檬（切片） ······················ 1片

## Cold
1. 在玻璃杯中加入黑枸杞糖漿和
   冰塊（份量外）。
   按照順序倒入強碳酸水和檸檬汁。
2. 裝飾檸檬片。

Point

1

2

花青素鹼性時呈現藍色、綠色或黃
色，酸性時顏色則會改變呈現紅色。

因為糖漿使用了鹼性的小蘇打，所以
加入酸性的檸檬，就會從藍色轉變成
紅色。

BACE

### 水果 & 蔬菜

Hot

藍藻

**材料**（1杯飲品量）

| | |
|---|---|
| 椰奶 | 120g |
| 藍藻 | 3g |
| 檸檬泥 | 5g |
| 生薑榨汁 | 10g |
| 龍舌蘭糖漿 | 10g |

**Hot**

1. 椰奶倒入鋼杯中製作奶泡。
2. 將藍藻、檸檬泥、生薑榨汁和
   龍舌蘭糖漿倒入咖啡杯中混合在一起。
3. 將**1**倒入**2**中，使用飲料用的
   印表機轉印圖案。

Vegan OK

# 藍色小精靈拿鐵

在營養豐富的藍藻和椰奶中加入
具有促進新陳代謝、消除水腫和
殺菌作用的生薑，
顏色與滋味都很清爽。

**Point**

1

設定杯子、選擇喜歡的圖樣。

2

配合杯子的高度，機器會
運轉。

3

幾秒後圖案會印在飲料表面。

Part 6　可以當成代餐的軟性飲料

甜菜粉

**材料**（1杯飲品量）

| | |
|---|---|
| 椰奶 | 120g |
| 甜菜粉 | 3g |
| 檸檬泥 | 5g |
| 生薑榨汁 | 10g |
| 龍舌蘭糖漿 | 10g |

**Hot**

1. 將椰奶倒入鋼杯中，製作奶泡。
2. 甜菜粉、檸檬泥、生薑榨汁和龍舌蘭糖漿加入咖啡杯中混合在一起。
3. 將**1**倒入**2**中，使用飲料用的印表機轉印圖案。

Vegan OK

# 甜菜拿鐵

將甜菜與具有許多不同效果的椰奶和生薑組合，
可以幫助排出體內的鹽分、防止血壓上升、預防高血壓。

BACE

水果 & 蔬菜

Hot

( Vegan OK )

# 奇亞籽
# 接骨木花
# 氣泡飲

超級食物奇亞籽和香草氣泡飲加在一起之後，
即完成一款口感有趣且能補充簡單營養的飲品。

 奇亞籽

**材料**（1杯飲品量）

| | |
|---|---|
| 奇亞籽 | 5g |
| 水 | 50g |
| 接骨木花 | 4g |
| 熱水（沸騰） | 100g |
| 冰塊 | 80g |
| 龍舌蘭糖漿 | 20g |
| 氣泡水 | 80g |

## Cold

1. 將奇亞籽放入水中，浸泡約半天讓它泡發。
2. 熱水倒入接骨木花中，浸泡3分鐘。
3. 將冰塊放入**2**中冷卻。
4. 在玻璃杯中放入**1**、龍舌蘭糖漿和
   冰塊（份量外）。倒入**3**和氣泡飲。

BACE

香料 & 香草

Cold

BACE

抹茶

Cold

( Vegan OK )

# 辣木粉&
# 抹茶&蘋果汁

在營養均衡的辣木粉中，加入有燃燒體脂肪效果的抹茶，
以及含有大量多酚成分的蘋果，
做成提振身體活力的一杯飲料。

 辣木粉

**材料**（1杯飲品量）
辣木粉 …………………… 2g
抹茶（粉）………………… 2g
熱水（沸騰）……………… 40g
無添加蘋果汁 …………… 160g
檸檬泥 …………………… 5g

## Cold
1. 用濾茶網過篩辣木粉與抹茶。
2. 在**1**中倒入熱水，用茶筅充分刷茶
　 到粉溶解為止。
3. 在玻璃杯中加入冰塊（份量外），
　 倒入蘋果汁和檸檬泥，輕輕攪拌。
　 慢慢倒入**2**。

### 材料（甘酒）

米 ⋯⋯⋯⋯⋯⋯⋯⋯⋯1合
水 ⋯⋯⋯⋯⋯⋯⋯⋯850mℓ
乾燥米麴⋯⋯⋯⋯⋯⋯200g

1. 洗好米，與水一起放入電鍋中，用白粥模式煮飯。
2. 將1放涼到60°C為止。
3. 米麴放入2中攪拌均勻。
4. 打開蓋子設定成保溫模式，蓋上擰乾的布維持55~60°C。
5. 1個小時後全部拌勻，並再放置8個小時。

甘酒

### 材料（薑汁糖漿）

生薑（帶皮）⋯⋯⋯⋯⋯800g
辣椒 ⋯⋯⋯⋯⋯⋯⋯2～3根
三溫糖 ⋯⋯⋯⋯⋯⋯⋯800g
水 ⋯⋯⋯⋯⋯⋯⋯1000g
黑胡椒 ⋯⋯⋯⋯⋯⋯20粒

#### Cold

1. 清洗生薑後擦乾水分，連皮一起切成2mm片狀。
2. 在鍋中放入1和三溫糖，放30分鐘以上直到冒出水分為止。
3. 加入水、去籽的辣椒和黑胡椒後開中火。煮沸之後去除浮沫並煮40~50分鐘左右。
4. 冷卻後放入玻璃瓶等保存容器中。

### BACE

水果 & 蔬菜

Hot

# 甘酒薑汁

在自製無糖甘酒中加入薑汁糖漿，
增添香氣與甜味。
請享用帶有甜點感的飲品。

### 材料（1杯飲品量）

甘酒⋯⋯⋯⋯⋯⋯⋯⋯250g
薑汁糖漿⋯⋯⋯⋯⋯⋯20g

#### Hot

1. 將甘酒加入鍋中加熱。
2. 將1倒入咖啡杯中，淋上薑汁糖漿。

#### Point

使用溫度計，確認溫度下降到60°C為止。

放入米麴，仔細拌勻。

將電鍋設定成保溫模式，在開蓋的狀態下蓋一塊擰乾的布，維持大約60°C。

Part 6 ｜ 可以當成代餐的軟性飲料

BACE

水果 & 蔬菜

Cold

# 酪梨
# 檸檬拉西

含有維他命E和不飽和脂肪酸等成分的酪梨，
搭配含有很多乳酸菌的優格、檸檬後，
做成很濃但同時又很清淡的拉西。

 酪梨

**材料**（1杯飲品量）
牛奶 ·······················120g
檸檬 ·························40g
酪梨 ·························60g
希臘優格 ···················120g
蔗糖 ·························20g
酪梨油 ························3g

## Cold

1. 將牛奶、檸檬、酪梨、希臘優格
   和蔗糖加入果汁機中攪拌。
2. 在玻璃杯中倒入**1**，淋上酪梨油。

**材料（1杯飲品量）**

生可可粉 ·················· 10g
紅糖 ·················· 10g
熱水（沸騰）·················· 20g
杏仁奶 ·················· 50g
Flavour Blaster泡泡煙槍
（柑橘風味）·················· 1次份量

生可可粉

### Cold

1. 用熱水溶解生可可粉和紅糖。
2. 將**1**、杏仁奶和冰塊（份量外）
   放入雪克杯中大力搖晃（硬搖法）。
   倒入雞尾酒玻璃杯中。
3. 在**2**上放上Flavour Blaster泡泡煙槍的泡泡，
   增添香氣。

**Point**

用Flavour Blaster泡泡煙槍將調味泡
泡放在飲品上。

泡泡破掉之後就會瀰漫柑橘的香氣。

# 生可可
# 杏仁牛奶

在含有鎂的生可可粉中，
混入含有豐富抗氧化物質和
維他命E的杏仁奶，
做成營養豐富的可可飲品。

BACE

水果 & 蔬菜

Cold

Part 6 ── 可以當成代餐的軟性飲料

125

# Shop List

以下介紹可以買到本書中使用的材料與機器材料的店家。
請配合想製作的飲品的品項進行購買。

## 材料

( 精油 )

**株式会社ミコヤ香商**

〒151-0072
東京都渋谷区幡ヶ谷 2-16-1 8階
03-3377-3377

( 燕麥奶 )

**マイナーフィギュアズ**

[合作店鋪] 若翔 股份有限公司
神奈川県相模原市中央区横山台 1-17-19
TEL：042-707-9957
MAIL：info@wakashou.co.jp
HP：http://wakashou.co.jp

( 日式食材・砂糖類 )

**秀和産業株式会社**

〒279-0024
千葉県浦安市港 76-17
TEL：047-354-2311
FAX：047-354-2318
HP：http://shuuwa.co.jp

( 日本茶（抹茶） )

**製茶 辻喜**

〒611-0022
京都府宇治市白川川上り谷 52-1
http://tsujiki.jp/
TEL／FAX：0774-26-6185
TEL（直通）：0774-26-5653
MAIL：info@tsujiki.jp
MAIL：seicha.tsujiki@gmail.com

( 果泥 )

**タカ食品工業株式会社**

〒835-0023
福岡県みやま市瀬高町小川 1189-1
TEL：0944-62-2161
HP：https://www.takafoods.co.jp/

( 砂糖類 )

**大東製糖株式会社**

〒261-0002
千葉県千葉市美浜区新港 44
TEL：043-302-3108
URL：https://daitoseito.co.jp/

( 辣木粉 )

**Cor-an Holdings 株式会社**
食品＆健康事業部
PURE MORINGA®（純辣木粉）

東京都港区白金 3-23-2
MAIL：puremoringa@cor-an---an.com
HP：www.cor-an---an.tokyo
Instagram：@pure__moringa

## 器具・機械

攪拌機

### 株式会社アントレックス

〒160-0022
東京都新宿区新宿2-19-1 BYGS 7F
URL：www.vita-mix.jp

果汁機

### HUROM株式会社

〒135-0064
東京都江東区青海2-7-4
the SOHO 418
TEL：0120-288-859（聯絡窗口）
HP：https://huromjapan.com

飲料用印表機

### Ripples株式会社

東京都渋谷区渋谷1-23-21
渋谷キャスト
MAIL：
ripples-japan@drinkripples.com
HP：https://www.drinkripples.com/jp

## 玻璃杯・咖啡杯

### 株式会社カサラゴ

〒171-0022
東京都豊島区南池袋2-29-10 7階
TEL：03-3987-3302
MAIL：info@casalago.jp
HP：www.casalago.jp

**TITLE**

獻給餐飲店的飲料客製技法

**STAFF**

| | |
|---|---|
| 出版 | 瑞昇文化事業股份有限公司 |
| 作者 | 片倉康博・田中美奈子・藤岡響 |
| 譯者 | 涂雪靖 |

| | |
|---|---|
| 創辦人 / 董事長 | 駱東墻 |
| CEO / 行銷 | 陳冠偉 |
| 總編輯 | 郭湘齡 |
| 特約編輯 | 謝彥如 |
| 文字編輯 | 張聿雯　徐承義 |
| 美術編輯 | 謝彥如 |
| 國際版權 | 駱念德　張聿雯 |

| | |
|---|---|
| 排版 | 謝彥如 |
| 製版 | 印研科技有限公司 |
| 印刷 | 桂林彩色印刷股份有限公司 |

| | |
|---|---|
| 法律顧問 | 立勤國際法律事務所　黃沛聲律師 |
| 戶名 | 瑞昇文化事業股份有限公司 |
| 劃撥帳號 | 19598343 |
| 地址 | 新北市中和區景平路464巷2弄1-4號 |
| 電話 | (02)2945-3191 |
| 傳真 | (02)2945-3190 |
| 網址 | www.rising-books.com.tw |
| Mail | deepblue@rising-books.com.tw |

| | |
|---|---|
| 初版日期 | 2023年7月 |
| 定價 | 450元 |

**ORIGINAL JAPANESE EDITION STAFF**

| | |
|---|---|
| 攝影 | 三輪友紀（スタジオダンク） |
| 設計 | 近藤みどり |
| 編輯 | 坂口柚季野（フィグインク） |

國家圖書館出版品預行編目資料

獻給餐飲店的飲料客製技法：搭配顧客群與季節
的軟性飲料調製技術與理論 / 片倉康博, 田中美
奈子, 藤岡響著；涂雪靖譯. -- 初版. -- 新北市：
瑞昇文化事業股份有限公司, 2023.07
　　128面；18.2x25.7　公分
ISBN 978-986-401-642-6(平裝)
1.CST: 飲料 2.CST: 餐飲業

427.4　　　　　　　　　　112008606

INSHOKUTEN NO TAME NO DRINK NO KYOKASHO
CUSTOMIZE BIBLE KYAKUSO YA KISETSU NI AWASETE TSUKURU SOFTDRINK NO GIJUTSU TO
RIRON
Copyright © ESPRESSO MANAGERx, FIGINC2022
Chinese translation rights in complex characters arranged with
MATES UNIVERSAL CONTENTS Co., Ltd. through Japan UNI Agency, Inc., Tokyo